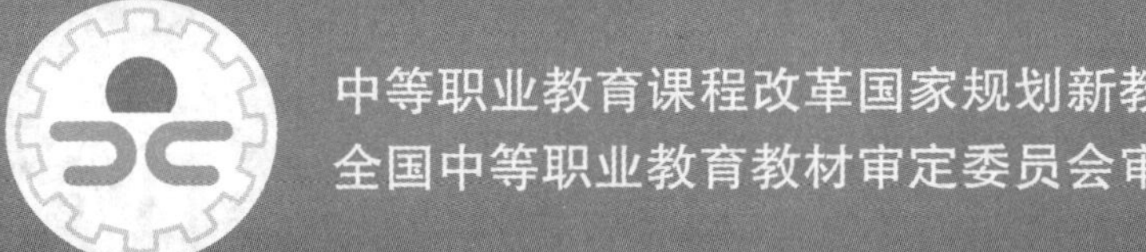

Tumu Gongcheng Lixue Jichu

土木工程力学基础

（少学时）

主编 骆 毅 刘可定

主审 吴承霞 宋小壮 （按姓氏笔画排序）

内容提要

本书是中等职业教育课程改革国家规划新教材，由全国中等职业教育教材审定委员会审定。主要内容包括：绪论、力和受力图、平面力系的平衡、直杆轴向拉伸和压缩、直梁弯曲和受压构件的稳定性，共六个单元。每个单元都结合工程案例对知识点进行讲解，并附有习题供学生复习使用。

本书作为中等职业学校的土木、水利非施工类（如建筑装饰、水电设备安装等）专业指定教学用书，也可供行业继续教育或岗位培训使用，还可供行业从业人员学习参考。

使用说明：

1. 书中未标注"*"的内容是各专业学生必修的基础性内容和应该达到的基本要求。
2. 书中标注"*"的内容为较高要求及适应不同专业、地域、学校差异的选修内容。

图书在版编目(CIP)数据

土木工程力学基础：少学时/骆毅，刘可定主编.
—北京：人民交通出版社，2010.6
ISBN 978-7-114-08351-8

I. ①土… II. ①骆… ②刘… III. ①土木工程—工程力学—专业学校—教材 IV. ①TU311

中国版本图书馆 CIP 数据核字(2010)第 060163 号

书　　名：土木工程力学基础(少学时)
著 作 者：骆　毅　刘可定
责任编辑：袁　方　张一梅
出版发行：人民交通出版社
地　　址：(100011)北京市朝阳区安定门外外馆斜街 3 号
网　　址：http://www.ccpress.com.cn
销售电话：(010)59757969，59757973
总 经 销：人民交通出版社发行部
经　　销：各地新华书店
印　　刷：北京交通印务实业公司
开　　本：787×1092　1/16
印　　张：10.5
字　　数：145 千
版　　次：2010 年 6 月　第 1 版
印　　次：2010 年 6 月　第 1 次印刷
书　　号：ISBN 978-7-114-08351-8
定　　价：15.00 元
(如有印刷、装订质量问题的图书由本社负责调换)

中等职业教育课程改革国家规划新教材

出版说明

为贯彻《国务院关于大力发展职业教育的决定》(国发〔2005〕35号)精神,落实《教育部关于进一步深化中等职业教育教学改革的若干意见》(教职成〔2008〕8号)关于"加强中等职业教育教材建设,保证教学资源基本质量"的要求,确保新一轮中等职业教育教学改革顺利进行,全面提高教育教学质量,保证高质量教材进课堂,教育部对中等职业学校德育课、文化基础课等必修课程和部分大类专业基础课教材进行了统一规划并组织编写,从2009年秋季学期起,国家规划新教材将陆续提供给全国中等职业学校选用。

国家规划新教材是根据教育部最新发布的德育课程、文化基础课程和部分大类专业基础课程的教学大纲编写,并经全国中等职业教育教材审定委员会审定通过的。新教材紧紧围绕中等职业教育的培养目标,遵循职业教育教学规律,从满足经济社会发展对高素质劳动者和技能型人才的需要出发,在课程结构、教学内容、教学方法等方面进行了新的探索与改革创新,对于提高新时期中等职业学校学生的思想道德水平、科学文化素养和职业能力,促进中等职业教育深化教学改革,提高教育教学质量将起到积极的推动作用。

希望各地、各中等职业学校积极推广和选用国家规划新教材,并在使用过程中,注意总结经验,及时提出修改意见和建议,使之不断完善和提高。

教育部职业教育与成人教育司

2010年6月

前言

本书根据中等职业学校《土木工程力学基础》教学大纲，按照教育部中等职业教育课程改革国家规划新教材编写的指导思想和有关原则进行编写。

为适应目前中等职业教育“校企合作，工学结合”的人才培养模式改革，结合土木、水利非施工类（如建筑装饰、水电设备安装等）专业的建设与改革，本书突出了知识的实践性和应用性要求，以满足培养土木、水利非施工第一线的技能型人才的需要。通过力学基础知识的学习使学生初步具备分析和解决土木工程基本构件、简单结构受力问题的能力，为学习专业技能打下基础。本教材以实践为导向，以应用为主旨、以学生为中心、以够用为原则，紧密结合专业精心设计学习项目，对学生进行职业意识培养和职业道德教育，使其形成科学严谨的作风和品质，为学生今后解决生产实际问题和职业生涯的发展奠定基础。本书内容精练，重点突出，应用性、实践性强；教学内容与生活、专业相结合，重在力学基础知识的应用。

土木工程力学是一门理论性和应用性都很强的学科。本书在编写过程中认真考虑中职培养目标的要求和中职学生的实际情况，着重基础知识和基本理论的讲解，力求做到内容精练、叙述清楚、文字流畅、便于阅读。同时，结合工程与生活实际，采用“想一想”、“学一学”、“练一练”这种图文并茂、生动活泼的编写模式，使理论知识讲解深入浅出，培养学生分析和解决工程实际问题的能力。全书主要内容有：绪论，力和受力图，平面力系的平衡，直杆轴向拉伸和压缩，直梁弯曲，受压构件的稳定性共六个教学单元。

本书的编写采取了校企合作的方式。参与本书编写的有广州航海高等专科学校、湖南交通职业技术学院、湖南城建职业技术学院、长沙市工商职业中专学校、长沙市中等城乡建设职业技术学校、湘潭市建筑设计院、湖南省第三建筑工程公司等单位的

前言

教师和技术人员。具体分工如下:广州航海高等专科学校骆毅编写绪论、郭定林编写单元1,湖南城建职业技术学院黄颖玲编写单元2,长沙市工商职业中专学校彭浩编写单元3,湖南城建职业技术学院刘可定、长沙市城建职业技术学校刘广宇编写单元4,广州航海高等专科学校李可勤编写单元5。

湖南城建职业技术学院刘可定根据教育部中期检查意见对全书作了修改并完成本书的统稿工作。教育部聘请南京高等职业技术学院宋小壮、河南建筑职业技术学院吴承霞任本书主审。人民交通出版社另请四川建筑职业技术学院吴明军审阅了书稿。湘潭市建筑设计院高级工程师刘翔、湖南城建职业技术学院高级工程师伍文、谭敏根据施工企业的工作要求对本书编写提出了很多宝贵意见,在此深表感谢。

由于编者水平有限,加之时间仓促,书中难免有不足之处,恳请各位同行和广大读者提出宝贵意见,以便进行修改完善。

编　者

2010年6月

目录

目录

绪 论

生活中,我们处处可以见到各种建筑物。我们对建筑物的施工过程稍加注意,便可以看到这些建筑物是由许许多多的构件组合起来的。一个庞大的建筑物,在建造之前,设计人员将对它的所有构件都一一进行受力分析,构件的尺寸大小、所用的材料、排列的位置都要通过计算来确定。这样才能保证建筑物的牢固和安全。

赵州桥——土木工程历史古迹

注:拱形建筑,充分利用砖石的抗压性,提高其承载能力。

0.1 土木工程力学的研究对象和基本任务

土木工程力学是为建筑结构提供受力分析方法和计算理论依据的一门学科，是土木、水利类各专业的一门重要的技术基础课程。

力学是一门既古老又散发着永恒活力的学科（图0-1）。工程不断给力学提出问题，力学的研究成果又不断应用于工程实践并推动其进步。

图0-1 比萨斜塔

工程力学是各技术工程学科的重要理论基础，是沟通自然科学基础理论与工程实践的桥梁。土木工程力学是关于力学的基础知识及其在土木工程中应用的一门课程。

任何建筑物在施工过程中和建成后的使用过程中，都要受到各种各样的力的作用。例如，建筑物各部分的自重、人和设备的重力、风力、地震力等。构成建筑物的结构在这些力及其他因素的作用下，会产生内力和变形。这种力在工程上称为荷载。

在建筑物中承受和传递荷载而起骨架作用的部分称为结构，组成结构的部件称为构件，它们就是工程力学的研究对象。

图0-2是一个单层工业厂房承重骨架的示意图,它由屋面板、屋架、吊车梁、柱子、连系梁及基础等构件组成,这些构件都起着承受和传递荷载的作用。如屋面板承受着屋面上的荷载并通过屋架传给柱子,吊车荷载通过吊车梁传给柱子,柱子将其受到的各种荷载传给基础,最后传给地基。

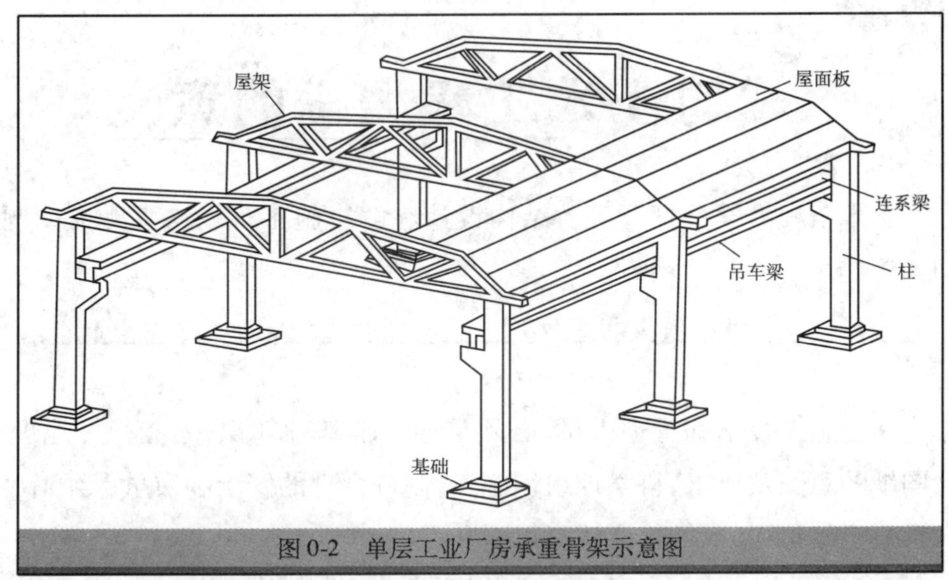

图0-2 单层工业厂房承重骨架示意图

工程中,要求结构在承受和传递荷载时,必须安全正常地工作。

(1)在荷载作用下构件不发生破坏。例如:当吊车起吊重物时荷载过大,会使吊车梁发生弯曲断裂。

(2)在荷载作用下构件所产生的变形在工程的允许范围内。例如:吊车梁的变形如果超过一定的限度,吊车就不能在它上面正常的行驶;楼板变形过大,其上的抹灰就会脱落。

(3)承受荷载作用时,构件在其原有形状下的平衡应保持稳定的平衡。例如:细长的中心受压柱子,当压力超过某一定值时,会突然地改变原来的直线平衡状态而发生弯曲,以致构件倒塌。

在结构设计中,如果构件截面设计得过小,构件受力后会迅速破坏或因变形过大而影响正常使用;如果构件截面设计得过大,其所能承受的荷载过大于所受的荷载,则又会不经济,造成人力、物力上的浪费。为了安全,要选用较好的材料或采用较大的截面尺寸;为了经济,则要求选用廉价材料或减小截面尺寸,以节省材料用量。显然两者是矛盾的。工程力学的任务就在于力求合理地解决这种安全与经济的矛盾。

综上所述,土木工程力学是运用力学的基本原理,研究构件在荷载作用下的平衡规律及承载能力。

0.2 学习土木工程力学的意义

土木工程力学是打开进入结构设计和解决施工现场许多受力问题大门的钥匙。

作为现场施工技术和管理人员,必须掌握力学基础知识,才能很好地理解工程设计图纸的意图及要求,科学地组织施工,制订合理的安全和质量保证措施。

在学习土木工程力学时,应注意以下几点:

(1)要注重如何将实际物体抽象化为不同的力学模型。

(2)注意观察实际生活中的力学现象,学会用力学的基础知识去解释这些现象。

(3)注重试验环节,通过试验验证理论的正确性,并提供测试数据资料作为理论分析、简化计算的依据。

土木工程力学是土木、水利类各专业的一门重要的技术基础课程,在基础课和专业课中起着承前启后的作用。通过本课程的学习和实验,使学生初步具有对建筑工程问题的简化能力;一定的力学分析与计算能力,其中也包含了理论分析和逻辑思维的能力。为学习专业课程和继续深造以及参加生产实践打下良好的基础。

自我检测

1. 土木工程力学的研究对象是什么?

2. 土木工程力学的基本任务是什么?

单元1

力和受力图

力的基本知识是土木工程中各种力学问题的理论基础，物体的受力分析是力学基本理论在实际工程中的具体应用。本单元主要介绍力、刚体和平衡的概念，力系的分类，静力学的基本公理，约束及其约束反力的性质，受力图，结构的计算简图及分类。

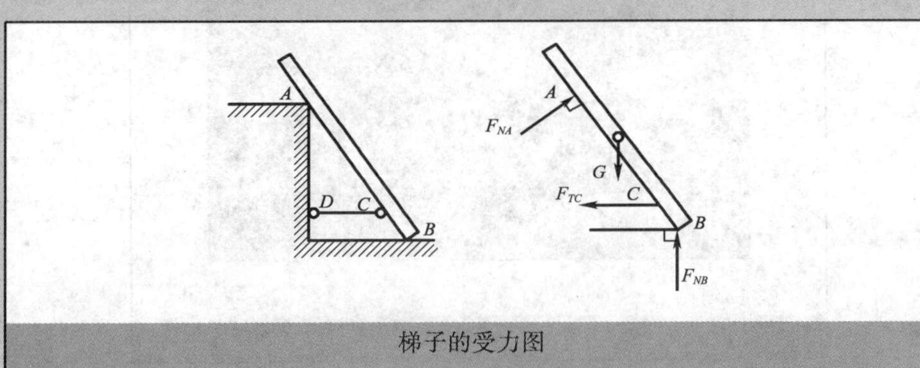

梯子的受力图

注：墙面与地面均光滑。

1.1 力的基本知识

本节讲述了力与刚体、力系和平衡的概念,重点介绍了力的三要素及力的图示法。

一 力与刚体的概念

力学的应用非常广泛。如图 1-1 所示是工地上的塔式起重机。起重机工作时,要受到多种力的作用。

图 1-1　塔式起重机

想一想

在生活中,推小车,可以使小车由静到动;拉弹簧,弹簧会产生伸长变形。这些力对物体产生了哪些作用效果?

学一学

人们对力的认识是在长期劳动和生活实践中逐步形成的。比如,用手提起重物时,手臂的肌肉会感到紧张,我们说手臂正在用力。而手臂所起的作用也可以用其他物体来代替,比如,手可以拿住重物,绳子也可以拴住重物,这说明不仅人能对物体有力的作用,物体之间也有力的作用。用力推静止的小车,小车就会移动;用力拉弹簧,弹簧就会变形。

力是物体之间的相互机械作用。这种作用使物体的运动状态发生变化(运动效应)或者使物体的形状发生改变(变形效应)。

刚体是指在外力的作用下,不发生变形(形状和尺寸均不改变)的物体。这是一个理想化的力学模型。客观世界中,物体在受到外力作用时,其变形是必然发生的。

当物体的变形很小时,变形对研究物体的平衡和运动规律的影响很小,可以略去不计,这时可将物体抽象为刚体,从而使问题的研究大为简化。但当研究的问题与物体的变形密切相关时,即使是极其微小的变形也必须加以考虑,这时就必须将物体抽象为变形体。例如,在研究飞机的平衡问题或飞行规律时,我们可以把飞机视为刚体;但在研究机翼的问题时,虽然机翼的变形非常微小,也必须把飞机看作变形体。

二　力的三要素和力的图示法

想一想

冰面上放一物体,受水平力 $\boldsymbol{F}$ 作用,作用点在 A 点,力的大小 $F=300\text{N}$,指向水平向右,如图1-2所示。如果保持该力大小和方向不变,作用线平行移动到 B 点,问该力 $\boldsymbol{F}$ 对物体的作用效果是否改变?

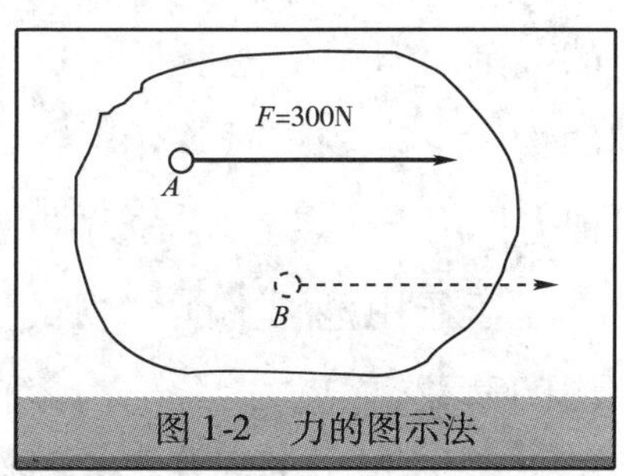

图1-2　力的图示法

学一学

实践表明,力对物体作用的效应取决于力的大小、方向和作用点,也就是说:不论何种力作用,只要这三个因素一样,则对同一物体产生的效应一定是相同的,我们称之力的等效,简称等效。这样相互等效的力是可以相互替代的。故力的大小、方向和作用点这三个因素称为力的三要素。反过来力的三要素中任何一个要素发生改变,对物体的作用效应都会产生变化。如图 1-2 所示,力移到 B 点后,由于该力 $\boldsymbol{F}$ 的作用点改变了,受力物体在移动同时旋转的方向将发生改变,所以力 $\boldsymbol{F}$ 对物体的作用效果将发生变化。

力的大小,反映物体之间相互作用的强弱程度。在国际单位制中,力的单位为牛顿(N)或千牛(kN),1kN = 1000N。

力的方向,包含力的作用线在空间的方位和指向,如铅直向下、水平向右等。

力的作用点,是指力在物体上的作用位置。

力是有大小和方向的量,所以力是矢量。用字母符号表示力矢量时,常用黑体字,如 $\boldsymbol{F}$、$\boldsymbol{F}_P$ 等表示。力要严格按照矢量的运算规则进行计算。工程上常用的方法是力的图示法:用一段带有箭头的线段表示力。其中,线段的长度按一定的比例尺表示力的大小;线段的方位和箭头的指向表示力的方向;线段的起点或终点表示力的作用点;线段所在的直线表示力的作用线。

力的图示法完整地表示了力的三要素,是工程实际中广泛使用的方法。如图 1-3 所示,物体受力 $\boldsymbol{F}$ 作用,作用点在 A 点,力的大小 F = 300N,指向水平向右。

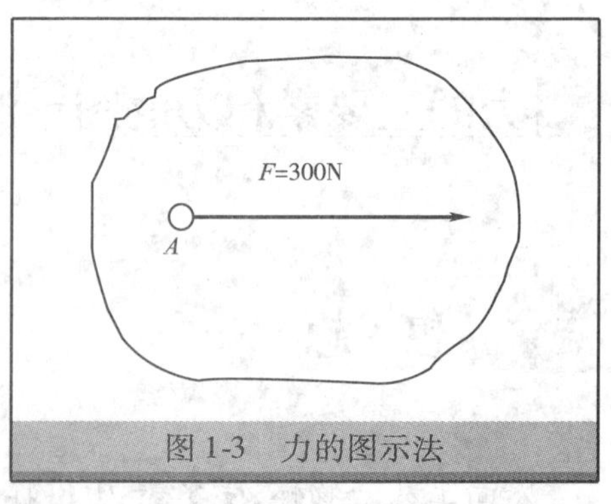

图 1-3 力的图示法

力来自物体的相互作用,故力总是占有一定的范围。但如果力所作用的范围比受力作用的物体小得多时,或作用在物体上力的合力。可视力作用于一点上,这种力称为集中力。

对于作用范围不能忽视的力(荷载),称为分布力(荷载)。分布在物体的体积内的荷载,如重力等,称为体荷载。分布在物体的表面上,如楼板上的荷载,如图 1-4a)、水坝上的水压力等,称为面荷载。如果力(荷载)分布在一个狭长范围内而且相互平行，则可以把它简化为沿狭长面的中心线分布的力（荷载），如分布在梁上的荷载，如图1-4b)，称为线分布力或线荷载。

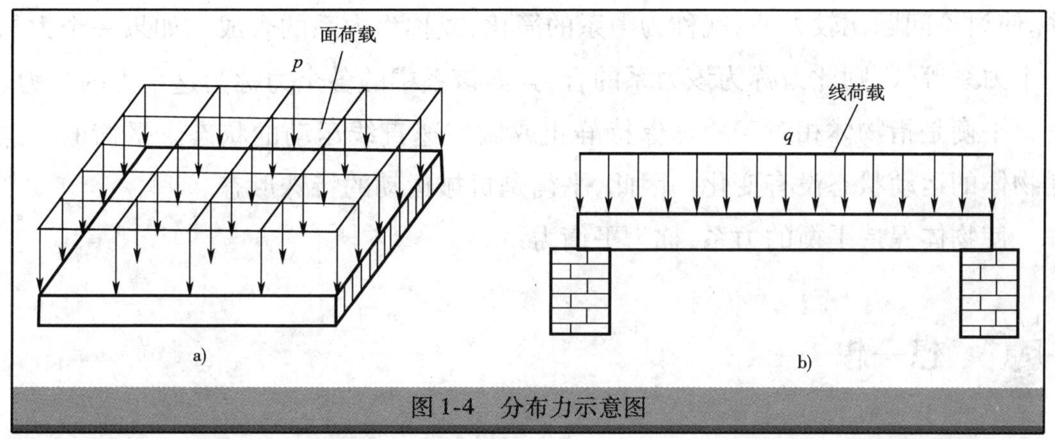

图1-4　分布力示意图

当某一物体上所作用的分布荷载各处大小均相同时，称为均布荷载，如分布荷载各处大小不相同时，称为非均布荷载。由于工程中均布荷载较为常见，因此，本课程只讨论均布荷载。如图1-4a)所示，板的自重即为面均布荷载，它是以每单位面积的重量来计算的，单位面积上所受的力，称为面集度，通常用 $\boldsymbol{p}$ 表示，单位为 N/m^2 或 kN/m^2；如图1-4b)所示，梁的自重即为线均布荷载，它是以每单位长度的重量来计算的，单位长度上所受的力，称为线集度，通常用 $\boldsymbol{q}$ 表示，单位为N/m或kN/m。

三 力系和平衡的概念

学一学

作用在物体上的一群力，称为力系。

按照各力作用线是否位于同一平面内，上述力系可以分为以下两种：

(1)平面力系：各力作用线在同一平面内的力系。

(2)空间力系：各力作用线不在同一平面的力系。

按照力系中各力作用线空间位置的特点不同，力系可分为以下三种：

(1)汇交力系：各力作用线汇交于同一点的力系。

(2)平行力系：各力作用线相互平行的力系。

(3)一般力系:各力作用线既不完全交于一点,也不完全平行的力系。

对物体作用效应相同的力系,称为等效力系。用等效力系代替原来的复杂力系,使讨论问题比较方便,就称为力系的简化,或称为力系的合成。如果一个力与一个力系等效,则此力称为该力系的合力,而该系中的各个力称为这个力的分力。

平衡是指物体相对于地球保持静止或做匀速直线运动的状态。平衡的特点是物体的运动状态没有变化。因此,平衡是机械运动的特殊形态。

使物体保持平衡的力系,称为平衡力系。

想一想

教室里天花板上吊着的日光灯,我们可以把它看作一个什么力系?

1.2 静力学公理

本节介绍了静力学公理,即二力平衡公理、加减平衡力系公理、平行四边形法则和作用与反作用公理。静力学公理是人类在长期的生产和生活实践中,经过反复观察和实验总结出来的普遍规律。它阐述了力的一些基本性质,是静力学的基础。

一 二力平衡公理

想一想

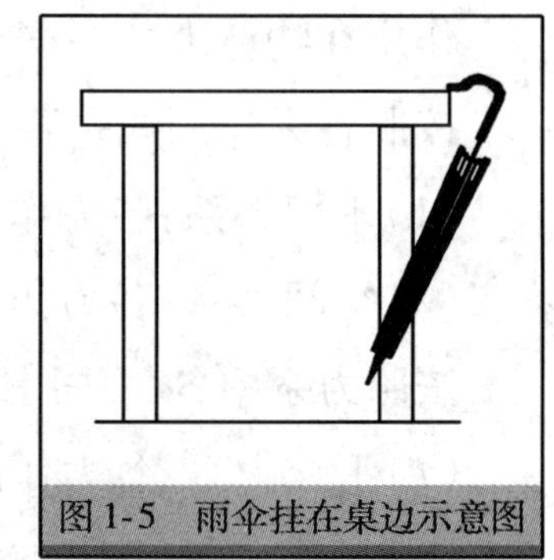

图 1-5 雨伞挂在桌边示意图

如图 1-5 所示,如果把雨伞挂在桌边,雨伞必须摆动到其重心和挂点在同一铅垂线上时,雨伞才能平衡。为什么?

学一学

二力平衡公理:作用于刚体上的两个力,使刚体处于平衡状态的充分和必要条件是两个力的大小相等、方向相反,且作用在同一直线上。

二力平衡公理揭示了作用于刚体上最基本的力系平衡时所必须满足的条件。图1-6a)、b)分别表示了两个力作用在AB杆上,使AB杆受拉和受压平衡的情况,其中$F_A=F_B$。

工程上,将仅受两个力作用而平衡的直杆,称为二力杆;仅受两个力作用而平衡的一般物体,称为二力构件。平衡时,作用在二力杆和二力构件上的两个力一定通过两个作用点的连线,且两作用力的大小相等,方向相反。铁钩不是直杆,不考虑自重,可以作为二力构件分析。如图1-7所示,表示铁钩在二力作用下的平衡状态,其中$F_A=F_B$。

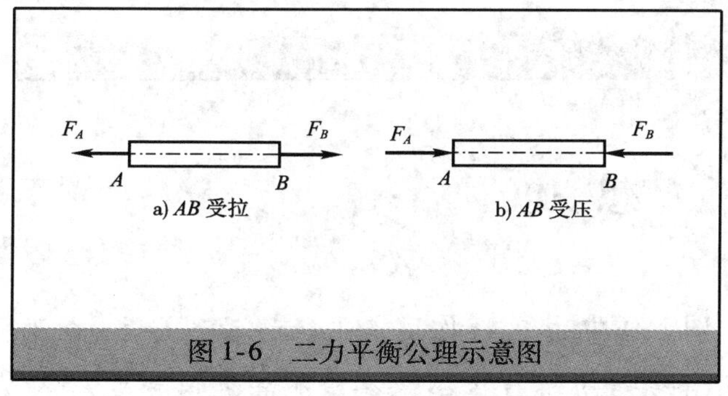

图1-6 二力平衡公理示意图

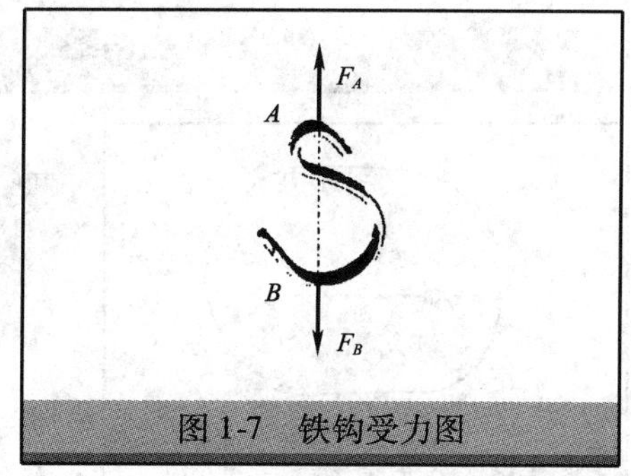

图1-7 铁钩受力图

二 加减平衡力系公理

加减平衡力系公理:在作用于刚体上的任意力系中,加上或减去任何一个平衡力系,不会改变原力系对刚体的作用效应。

因为平衡力系对物体的运动效应为零,所以在物体的原力系上加上或去掉一个平衡力系,是不会改变物体的运动效应的。根据加减平衡力系公理,可以对作用于刚体上的力系进行等效代换。

推论——力的可传性原理:作用于刚体上某点的力,可沿其作用线移动到刚体内任意一点，而不改变该力对刚体的作用效应。

利用加减平衡力系公理，很容易证明力的可传性原理。

(1)如图1-8a)所示，设力$\boldsymbol{F}$作用于刚体上的A点。

(2)现在其作用线上的任意一点B加上一对平衡力系$\boldsymbol{F}_1$和$\boldsymbol{F}_2$，并且使$F_1=-F_2=F$。根据加减平衡力系公理可知，这样不会改变原力$\boldsymbol{F}$对刚体的作用效应，如图1-8b)所示。

(3)再根据二力平衡条件可知，$\boldsymbol{F}_1$和$\boldsymbol{F}$也为平衡力系，可以去掉，不会改变原力系对刚体的作用效应，所以，剩下的力$\boldsymbol{F}_2$与原力$\boldsymbol{F}$等效，如图1-8c)所示。

(4)力$\boldsymbol{F}_2$即可看成为力$\boldsymbol{F}$沿其作用线由A点移至B点的结果，如图1-8d)所示。

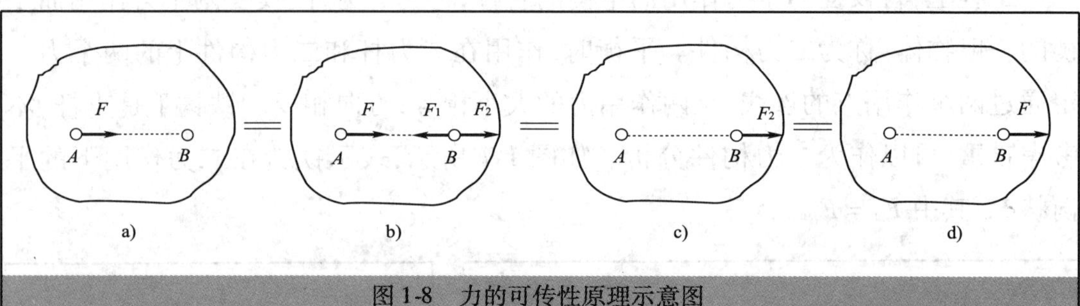

图1-8 力的可传性原理示意图

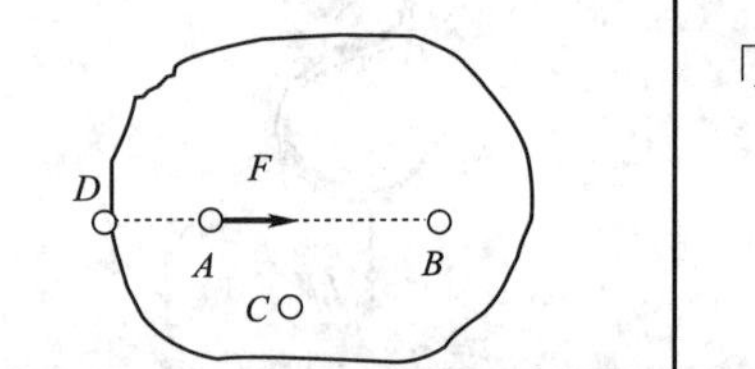

图1-9 力的可传性原理示例

想一想

图1-9中力$\boldsymbol{F}$将作用点平行移动到C点，或沿着作用线移动到D点会不会改变其作用效果？

三 力的平行四边形法则

想一想

如图1-10所示，物体在A点受到力$\boldsymbol{F}_1$，在B点受到力$\boldsymbol{F}_2$，要使物体平衡必须加上怎样的力？

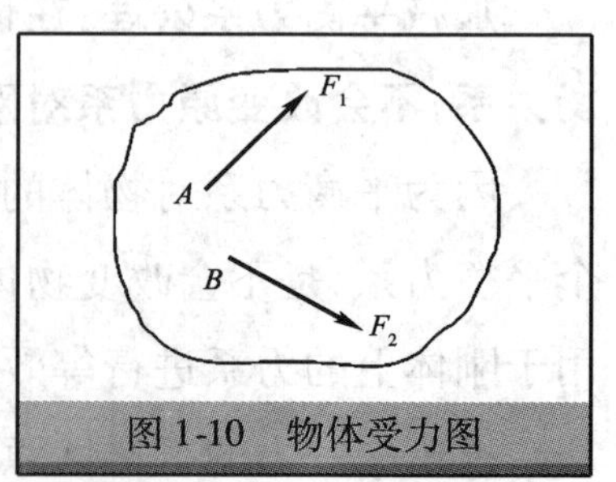

图1-10 物体受力图

学一学

力的平行四边形法则：作用于物体上同一点的两个力，可以合成为一个合力，合力也作用于该点，合力的大小和方向由以这两个分力为邻边所构成的平行四边形的对角线来表示。

图1-11表示作用在同一点O的两个力$\boldsymbol{F}_1$和$\boldsymbol{F}_2$合成为一个合力$\boldsymbol{F}$，作用点也是O点。用矢量式$\boldsymbol{F}=\boldsymbol{F}_1+\boldsymbol{F}_2$表示。即两个交于一点的合力，等于这两个力的矢量和。

反之，利用力的平行四边形法则，也可以把作用在物体上的一个力，分解为相交的两个分力，分力与合力作用于同一点。实际计算中，常把一个力分解为两个方向已知的分力。图1-12即为把一个任意力$\boldsymbol{F}$分解为两个相互垂直方向的分力$\boldsymbol{F}_{Ax}$和$\boldsymbol{F}_{Ay}$。

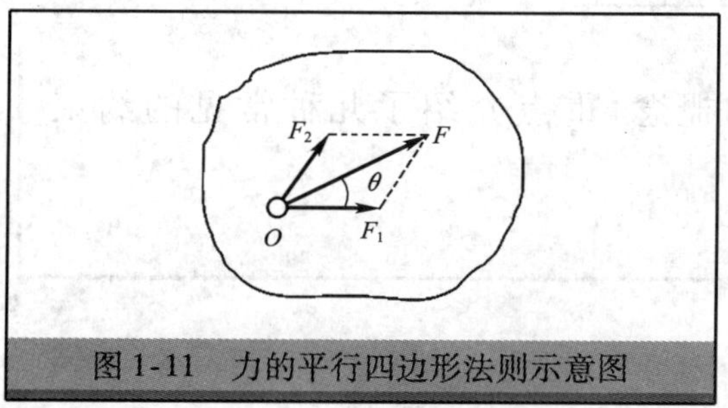

图1-11　力的平行四边形法则示意图

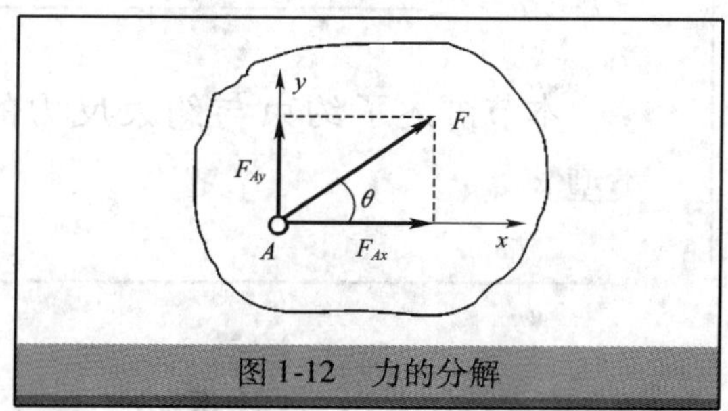

图1-12　力的分解

四 作用与反作用公理

作用与反作用公理：两个物体间的作用力与反作用力，总是同时存在，它们大小相等，方向相反，沿同一直线分别作用在这两个物体上。

作用与反作用力用$(\boldsymbol{F},\boldsymbol{F}')$表示。如图1-13所示，放在水平地面上的物体对地面施加一个向下的作用力$\boldsymbol{F}$，地面同时对物体施加一反方向的反作用力$\boldsymbol{F}'$，且这两个力大小相等、方向相反、沿

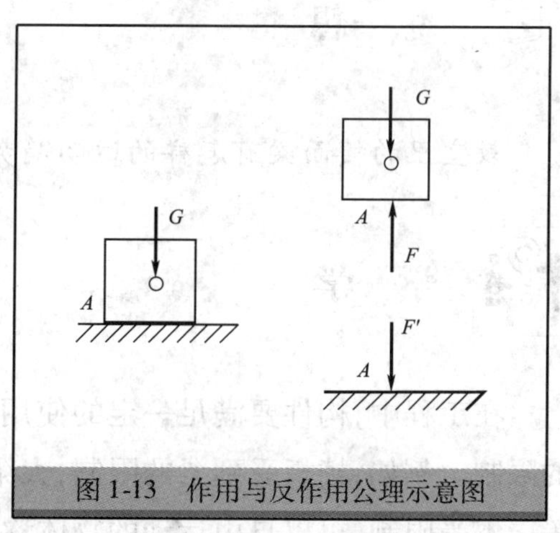

图1-13　作用与反作用公理示意图

同一直线分别作用在地面和物体上。

作用与反作用公理概括了两个物体间相互作用力的关系。有作用力，必定有反作用力。两者总是同时存在，又同时消失。

必须注意的是，不能把二力平衡公理中的两个力和作用与反作用公理中的两个力混淆起来。尽管两个力都是大小相等、方向相反、作用在同一直线上，但二力平衡公理中的两个力是作用在同一物体上的，阐述的是作用在一个物体上的两个力的平衡规律；作用与反作用公理中的两个力是分别作用在不同物体上，阐述的是力在两个物体之间的关系。

1.3 约束与约束反力

本节讲述了约束与约束反力的概念，重点介绍了几种常见的约束类型。

一 约束与约束反力的概念

想一想

教室里的楼面梁有怎样的运动趋势，其运动受到了哪些物体的限制？

学一学

在工程中，构件要满足一定的使用功能要求，都受到与之相联系的其他物体的限制。例如，楼板受到梁的限制，大梁受到墙、柱的限制，墙、柱受到基础的限制等。不受限制，可以自由运动的物体称为自由体；受到一定的限制，不能在某些方向自由运动的物体称为非自由体。

阻碍物体运动的限制物称为约束。约束是以物体相互接触的方式构成的。例如,上文提到的梁是楼板的约束,柱是大梁的约束,基础是柱、墙的约束。

物体受到的力一般可以分为两类:一类是使物体运动或使物体有运动趋势的力,称为主动力,例如重力、水压力、土压力等;另一类是对物体的运动起限制作用的力,称为约束反力或约束力,常简称为反力。约束限制物体在某些方向的运动,因此约束反力的方向总是与该约束所能阻碍物体的运动方向相反;约束反力的作用点即为约束与被约束物体的接触点。

约束反力的大小与所受的荷载及结构类型有关,是在工程上经常需要计算的值。

二 约束与约束反力的分类

常见的约束类型有柔索约束、光滑接触面约束、圆柱铰链约束、链杆约束、固定铰支座、可动铰支座和固定端支座。

1 柔索约束

想一想

如图1-14所示,天花板上绳子吊着灯,绳子可限制灯沿哪个方向运动?

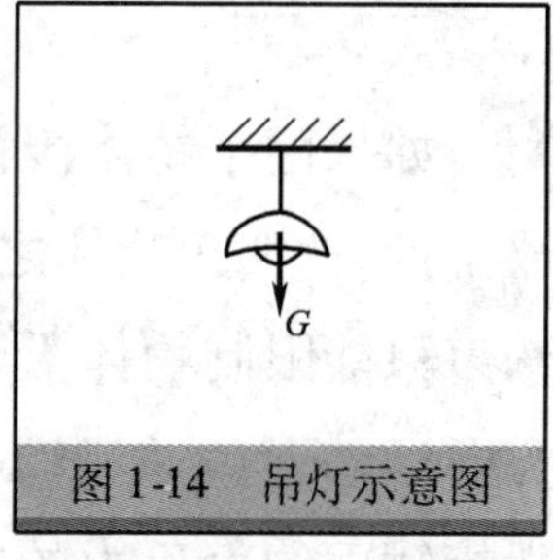

图1-14 吊灯示意图

学一学

由柔软而不计自重的链条、胶带、绳索等构成的约束统称为柔索约束。由于柔索约束只能限制物体沿着柔索的中心线伸长方向的运动,而不能阻碍物体沿着其他方向的运动,所以柔索约束的约束反力为拉力,方向沿着柔索的中心线背离被约束的物体,用符号$\boldsymbol{F}_T$表示,如图1-15所示。

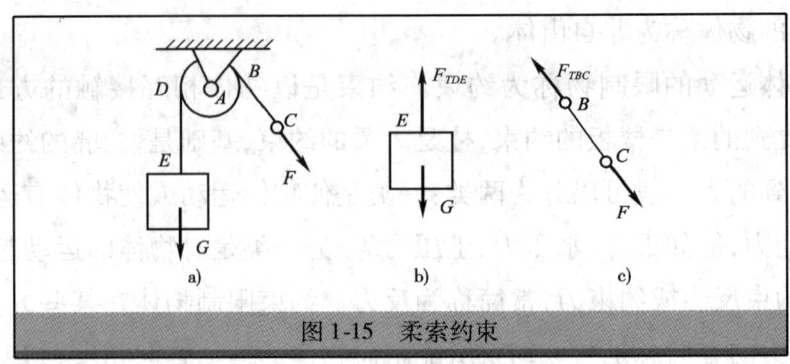

图 1-15 柔索约束

2 光滑接触面约束

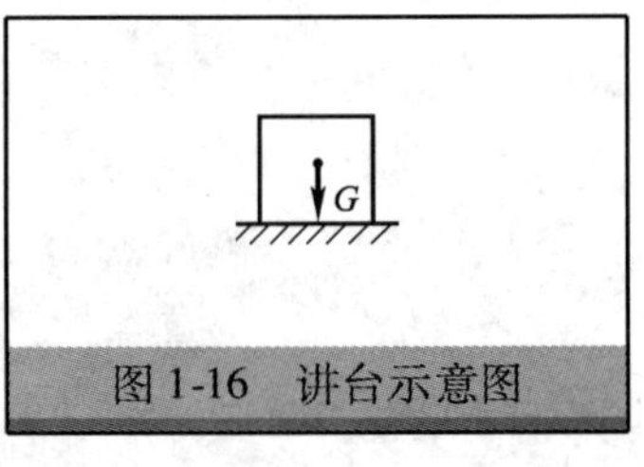

图 1-16 讲台示意图

想一想

教室前面设有讲台（图 1-16），地面是讲台的约束，它能限制讲台哪个方向的运动？

学一学

如果两个物体接触面之间的摩擦力很小，可忽略不计，这两个物体之间就构成光滑面约束。这种约束只能限制物体沿着接触点朝着垂直于接触面方向运动，而不能限制其他方向的运动。因此，光滑接触面约束反力的方向垂直于接触面或接触点的公切线，并通过接触点指向研究对象，即为压力，常用 $\boldsymbol{F}_N$ 表示，如图 1-17 所示。

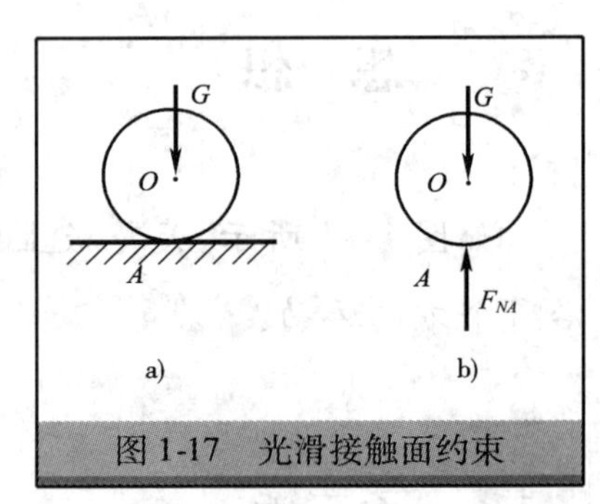

图 1-17 光滑接触面约束

3 圆柱铰链约束

想一想

教室门的活页是否限制门的运动，可看成什么约束？

学一学

在两个构件上各钻有同样大小的圆孔，并用圆柱形销钉连接起来，如图1-18a)。如果销钉和圆孔是光滑的，那么销钉只限制两构件在垂直于销钉轴线的平面内相对移动，而不限制两构件绕销钉轴线的相对转动，这样的约束称为光滑圆柱铰链，简称圆柱铰链、铰链或铰，图1-18c)是它的简化示意图。

当两个构件有沿销钉径向相对移动的趋势时，销钉与构件以光滑圆铰面接触，因此，销钉给构件的约束反力 $\boldsymbol{F}_R$ 沿接触点 K 的公法线方向，指向构件且通过圆孔中心，如图1-18b)。由于接触点 K 一般不能预先确定，所以反力 $\boldsymbol{F}_R$ 的方向也不能预先确定。因此，铰链约束反力作用在垂直于销钉轴线的平面内，通过圆孔中心，方向不定。通常用两个正交分力 $\boldsymbol{F}_x$、$\boldsymbol{F}_y$ 来表示铰链约束反力，如图1-18d)、e)所示。

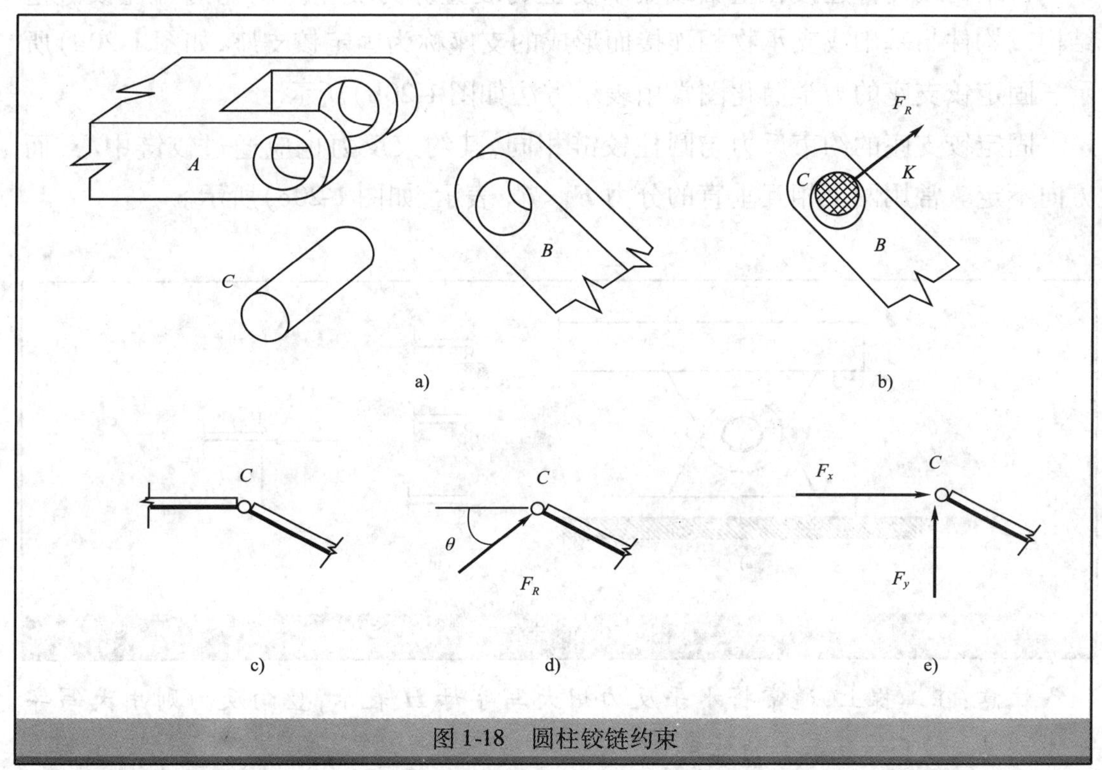

图1-18 圆柱铰链约束

4 链杆约束

两端用铰链与其他物体相连且中间不受力（自重忽略不计）的直杆称为链杆

约束,如图1-19a)所示。链杆在工程上应用非常广泛,电杆上的撑铁就是一种链杆约束。这种约束只能限制物体沿链杆轴线方向的运动,而不能限制其他方向的运动。因此,链杆的约束反力沿着链杆的轴线方向,指向不定,通常用 $\boldsymbol{F}_R$ 表示。图1-19b)、c)分别是它的简化图和受力图。

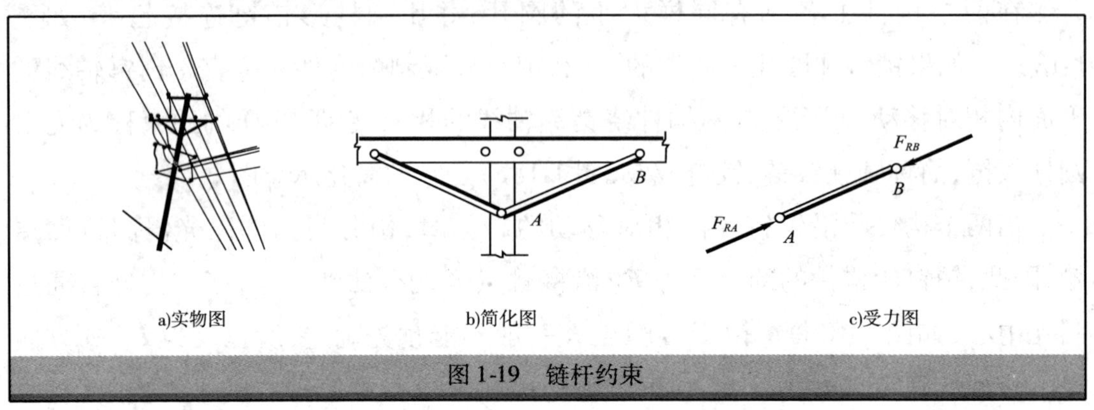

图 1-19 链杆约束

5 固定铰支座

将结构或构件连接在基础或支承物上的装置称为支座。用光滑圆柱铰链把结构或构件与基础或支承物相连接而形成的支座称为固定铰支座,如图 1-20a)所示。固定铰支座的力学简化图常用表示方法如图 1-20b)所示。

固定铰支座的约束反力与圆柱铰链相同,其约束反力也应通过铰链中心,而方向不定。常用两个相互垂直的分力 $\boldsymbol{F}_{Ax}$、$\boldsymbol{F}_{Ay}$ 表示,如图 1-20c)所示。

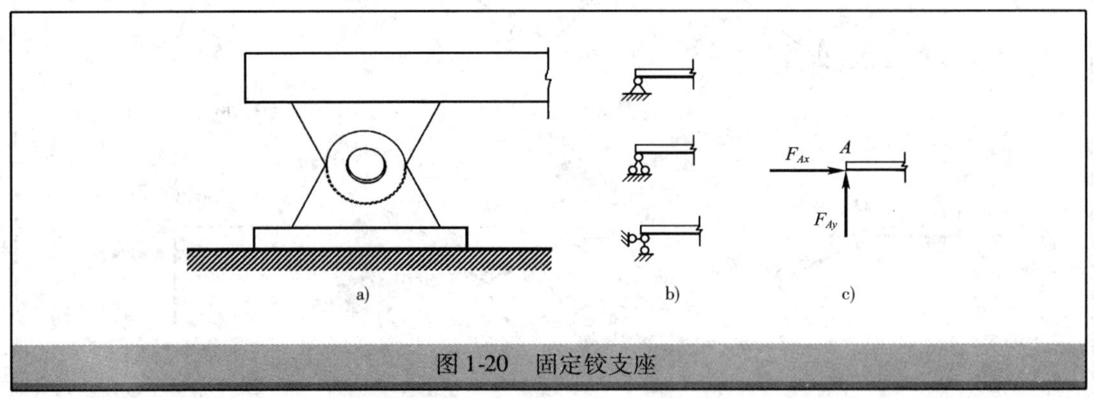

图 1-20 固定铰支座

注意:在工程上,通常将水平反力用大写字母 $\boldsymbol{H}$ 表示,竖向反力则用大写字母 $\boldsymbol{V}$ 来表示,下标表示力的作用点。

6 可动铰支座

如果在固定铰支座的底座与固定物体之间安装若干辊轴,使其可作适当移动而不能离开支承面，就构成可动铰支座，如图 1-21a) 所示。其力学简化图如图 1-21b) 所示。这种支座的约束特点是只能限制物体与销钉连接处沿垂直于支承面方向的移动，而不能限制物体绕销轴转动和沿支承面移动。因此，可动铰支座的约束反力垂直于支承面，且通过铰链中心，但指向不定，通常用 $\boldsymbol{F}_R$ 来表示，如图 1-21c) 所示。

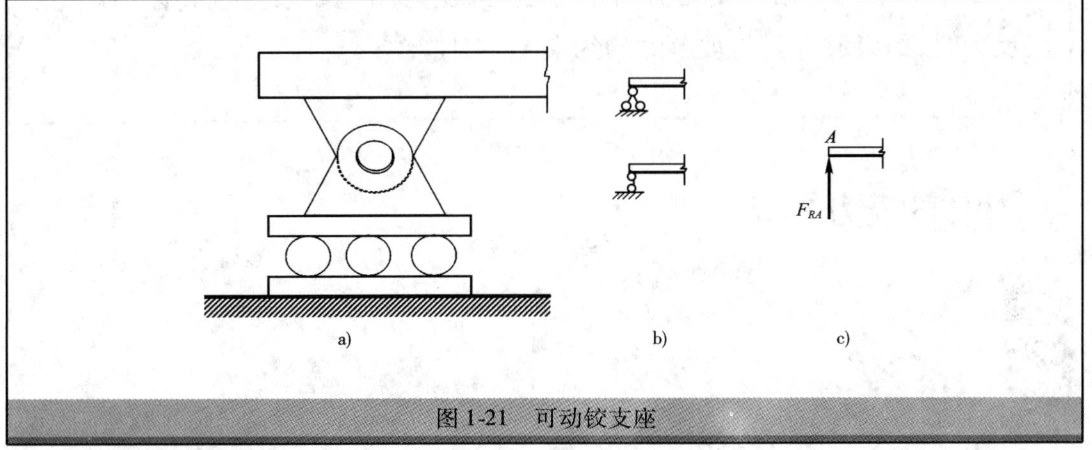

图 1-21 可动铰支座

7 固定端支座

工程上，如果结构或构件的一端完全固定在基础或支承物里面，这种约束称为固定端支座。如房屋建筑中的挑梁，其一端完全嵌固在墙内，使挑梁能够外伸出墙，而不会掉下来，如图 1-22a) 所示。其力学简化图如图 1-22b) 所示。固定端支座的特点是连接处既限制构件任何相对的移动，又限制构件任何相对的转动。固定端约束反力为一个方向待定的约束反力和一个转向待定的约束反力偶 $\boldsymbol{m}$（力偶的概念见单元 2）。方向待定的约束反力通常可用水平和竖直的两个分力表示。图1-22b) 为固定端约束的简化表示形式，图 1-22c) 为固定端约束的支座约束反力。

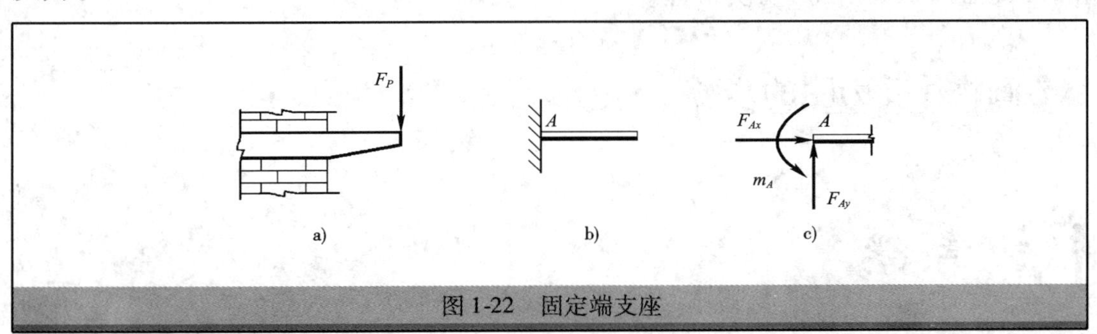

图 1-22 固定端支座

1.4 受力图

本节主要介绍了受力分析的方法，画受力图先要取出脱离体，画约束反力时，约束反力要与被解除的约束一一对应。

一 物体的受力分析

学一学

在进行力学计算时，首先要对物体受到的力进行分析，即分析哪些物体受力，受到哪些力的作用，哪些力是已知的以及哪些力是未知的。这个过程称为物体的受力分析。

工程实际中，都是多个物体或构件相互联系组成结构。因此，需要明确要对哪一个物体或部分物体进行受力分析，此物体或部分物体称为研究对象。为了分析研究对象的受力情况，往往把该研究对象从与之相联系的周围物体上分离出来，单独画出它的图形。被脱离出来的研究对象称为脱离体。在脱离体上画出它受到周围物体的全部作用力，这种图形称为物体的受力图。

正确画出物体的受力图是解决力学问题的关键步骤，也是进行力学计算的依据，因此必须认真对待，切实掌握。

二 画物体受力图的步骤

学一学

画物体受力图的具体步骤如下：

(1)确定研究对象,画出脱离体图。

(2)根据已知条件,在脱离体图上画出作用在研究对象上的全部主动力。

(3)根据脱离体原来受到的约束类型,画出相应的约束反力。应注意两个物体之间相互作用的约束反力应遵循作用与反作用公理。

【例 1-1】 简支梁的支座两端分别用固定铰支座和可动铰支座支承,如图 1-23a)所示。在 C 处作用一荷载 $\boldsymbol{F}_P$,梁重不计。试画出简支梁 AB 的受力图。

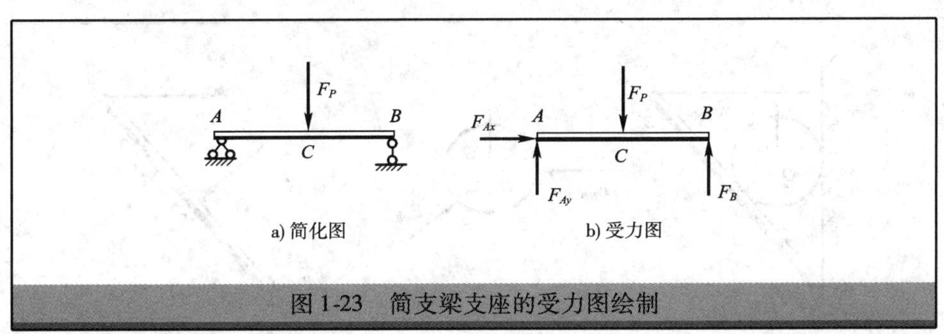

图 1-23 简支梁支座的受力图绘制

解:(1)取 AB 梁为研究对象,解除 A、B 两处的约束,画出其脱离体简图。

(2)在梁的 C 点画出主动力 $\boldsymbol{F}_P$。

(3)在受约束的 A 处和 B 处,根据约束类型画出约束反力。A 处为固定铰支座约束,其反力通过铰链中心 A,并以相互垂直的分力 $\boldsymbol{F}_{Ax}$、$\boldsymbol{F}_{Ay}$ 表示。B 处为可动铰支座约束,其反力通过铰链中心且垂直于支承面,指向假定,反力的大小用 $\boldsymbol{F}_B$ 表示,梁 AB 受力图如图 1-23b)所示。

【例 1-2】 悬臂梁是一端用固定端支承,一端自由的梁,已知梁 AB 在 B 处作用一荷载 $\boldsymbol{F}_P$,在 C 处作用一荷载 $\boldsymbol{F}_Q$,A 端是固定端支座,如图 1-24a)所示。梁重不计,试画出悬臂梁 AB 的受力图。

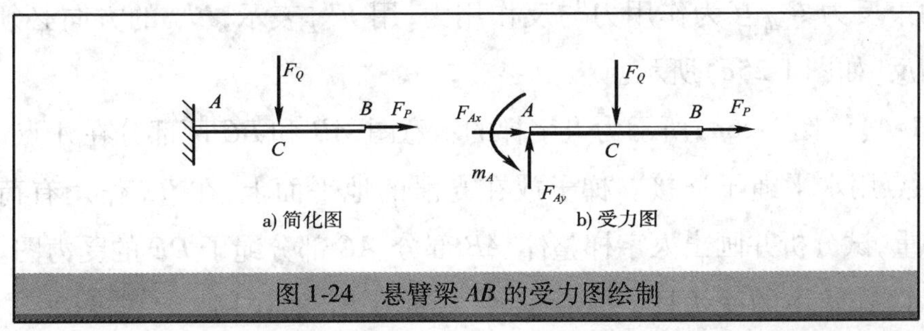

图 1-24 悬臂梁 AB 的受力图绘制

解:(1)取 AB 梁为研究对象,解除 A 处的约束,画出其脱离体图。

(2)在梁的 B 点画出主动力 $\boldsymbol{F}_P$,在 C 点画出主动力 $\boldsymbol{F}_Q$。

(3)在受约束的 A 处,根据约束类型画出约束反力。A 处为固定端支座,固定端支座的约束反力用三个分量来表示,即两个相互垂直的分力 $\boldsymbol{F}_{Ax}$、$\boldsymbol{F}_{Ay}$ 和力偶 $\boldsymbol{m}_A$,指向假定,如图 1-24b)所示。

【例 1-3】 自重为 $\boldsymbol{G}$ 的圆管用角钢 AB 及钢丝绳 BC 支承,如图 1-25 所示。接触点 D、E 两处的摩擦及角钢自重都不计。试分别画出圆管及角钢 AB 的受力图。

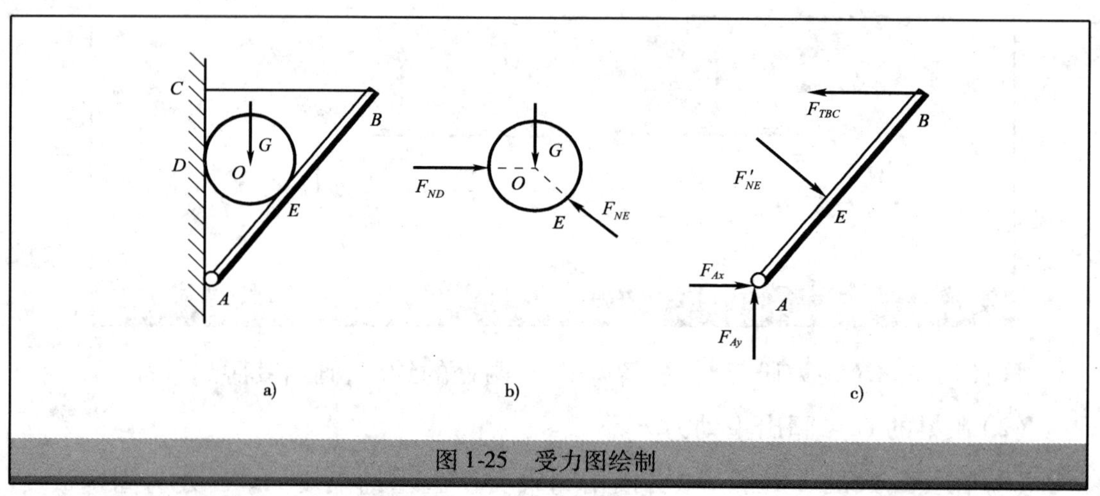

图 1-25 受力图绘制

解:(1)作圆管的受力图。管子受主动力 $\boldsymbol{G}$,通过中心 O。因 D、E 两处为光滑接触面约束,圆管的约束反力通过圆管中心,分别为压力 $\boldsymbol{F}_{ND}$、$\boldsymbol{F}_{NE}$,如图 1-25b)所示。

(2)画角钢 AB 的受力图。A 是圆柱铰链约束,约束反力用两个相互垂直的分力 $\boldsymbol{F}_{Ax}$、$\boldsymbol{F}_{Ay}$ 表示,指向假定。B 点受钢丝绳支承,为柔索约束。柔索约束的约束反力一定是拉力,用 $\boldsymbol{F}_{TBC}$ 表示。E 点受到圆管子的作用,是光滑接触面约束,并且与圆管的约束反力 $\boldsymbol{F}_{NE}$ 互为作用力与反作用力,用 $\boldsymbol{F}'_{NE}$ 表示,$\boldsymbol{F}'_{NE}$ 的方向必须与 $\boldsymbol{F}_{NE}$ 的方向相反,如图 1-25c)所示。

【例 1-4】 图 1-26a)所示为人字梯的示意图,AB 和 BC 两部分在 A 点铰接,又在 D、E 两点用水平绳子连接。梯子放在光滑的地平面上,在 BC 作用有荷载 $\boldsymbol{F}_P$。如不计梯重,试分析并画出人字梯整体、AB 部分、AC 部分绳子 DE 的受力图。

解:(1)作整体的受力图。人字梯受主动力 $\boldsymbol{F}_P$ 的作用。B、C 两处与地面为光滑接触面约束,并且为压力,用 $\boldsymbol{F}_{NB}$、$\boldsymbol{F}_{NC}$ 表示,如图 1-26b)所示。

(2)画 AB 部分的受力图。B 与地面为光滑接触面约束,并且为压力,用 $\boldsymbol{F}_{NB}$

表示。A 是圆柱铰链约束，约束反力用两个相互垂直的分力 $\boldsymbol{F}_{Ax}$ 和 $\boldsymbol{F}_{Ay}$ 表示，指向假定。D 点受绳子约束，是柔索约束。柔索约束的约束反力一定是拉力，用 $\boldsymbol{F}_{TDE}$ 表示，如图 1-26c)、d) 所示。

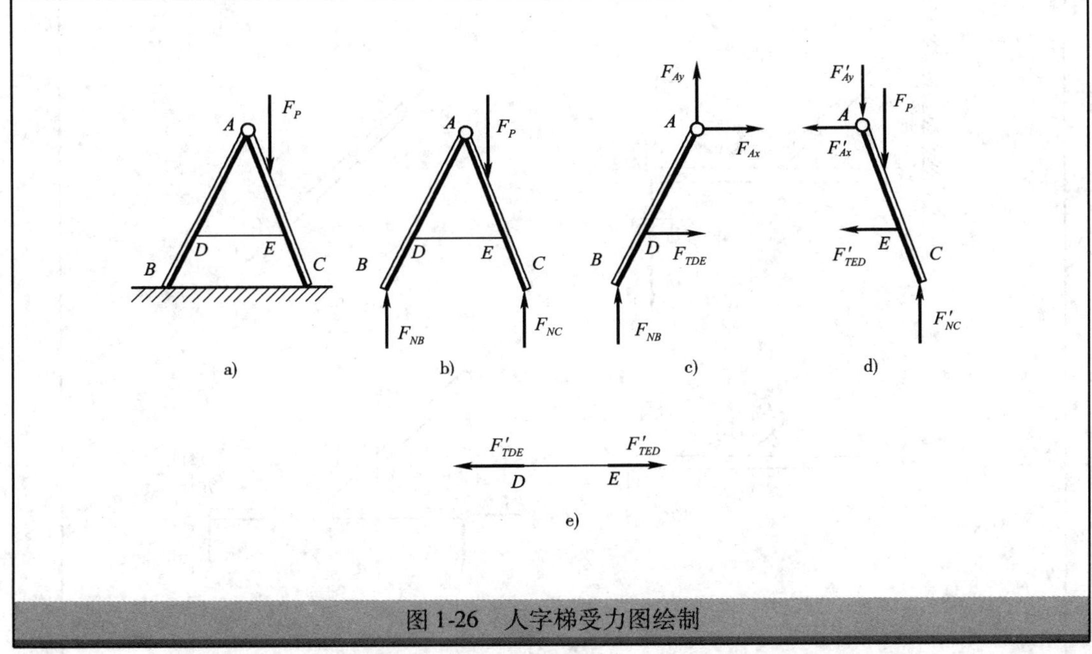

图 1-26　人字梯受力图绘制

(3) 画 AC 部分的受力图。在 AC 部分画出主动力 $\boldsymbol{F}_P$。C 与地面为光滑接触面约束，并且为压力，用 $\boldsymbol{F}_{NC}$ 表示。在销钉 A 上画出反作用力 $\boldsymbol{F'}_{Ax}$、$\boldsymbol{F'}_{Ay}$。E 点受绳子约束，是柔索约束。柔索约束的约束反力一定是拉力，用 $\boldsymbol{F}_{TED}$ 表示，如图 1-26d) 所示。

(4) 绳子 DE 与 AB、AC 部分的 D、E 是相互作用关系。按作用与反作用公理，在 DE 上画出反作用力 $\boldsymbol{F'}_{TDE}$ 和 $\boldsymbol{F'}_{TED}$，如图 1-26e) 所示。

【例 1-5】　图 2-27a) 所示支架中，悬挂重物自重为 $\boldsymbol{G}$，横梁 AB 和斜杆 CD 的自重不计。试分别画出斜杆 CD、横梁 AB 及整体的受力图。

解：(1) 画斜杆 CD 的受力图。斜杆 CD 两端均为铰链约束，中间不受力，故是二力构件。$\boldsymbol{F}_C$ 与 $\boldsymbol{F}_D$ 大小相等，方向相反，沿 C、D 两点连线。如图 1-27b) 所示。

(2) 画横梁 AB 的受力图。横梁 AB 的 B 处受到荷载 $\boldsymbol{G}$ 的作用。C 处受到斜杆 CD 的作用力，$\boldsymbol{F}_C$ 与 $\boldsymbol{F'}_C$ 互为作用力与反作用力。A 处固定铰支座的反力为 $\boldsymbol{F}_{Ax}$ 和 $\boldsymbol{F}_{Ay}$。如图 1-27c) 所示。

(3) 画整体的受力图。作用于整体上的力有：主动力 $\boldsymbol{G}$、约束反力 $\boldsymbol{F}_{Ax}$ 及 $\boldsymbol{F}_{Ay}$ 和 $\boldsymbol{F}_D$。如图1-27d）所示。

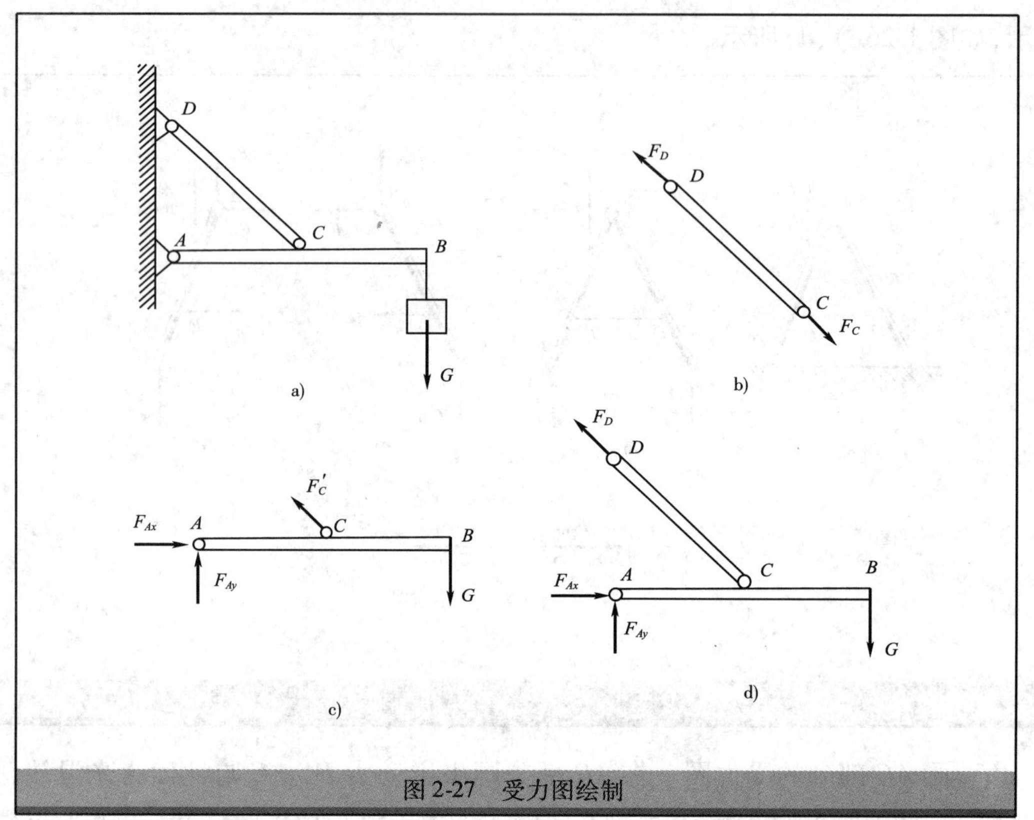

图2-27　受力图绘制

通过以上各例的分析，现将画受力图的注意事项归纳如下：

1 明确研究对象

首先明确要画哪一个物体的受力图，然后把它所受的全部约束去掉，单独画出该物体的简图。

2 注意约束反力与约束一一对应

去掉全部的约束后，把它相应的约束反力画在研究对象上。约束反力的方向要根据约束的类型来画，不能根据主动力的方向简单推断。

3 注意作用与反作用关系

在分析两物体之间的相互作用时，要遵循作用与反作用的关系，作用力的方向一经确定，反作用力的方向就必须与它相反。

1.5 结构的计算简图及分类

本节主要讲述了结构的计算简图简化的原则及内容，并介绍了平面杆系结构的常见形式。

一 结构的计算简图

学一学

结构的计算简图是将工程实际结构简化，使其成为既能反映原结构受力状态的主要特征又便于结构分析的计算模型，一般包括支座、跨度、荷载和结构形式。由于在工程力学中，我们是以计算简图作为力学计算的主要对象，因此在结构设计中，如果计算简图选取不合理，就会使结构的设计不合理，从而造成差错，严重时甚至会造成工程事故。所以，合理选取结构的计算简图是一项十分重要的工作，必须引起足够的重视。一般来说，在选取结构的计算简图时，应当遵循如下两个原则：

(1)尽可能正确地反映结构的主要受力情况，使计算的结果接近实际情况，有足够的精确性。

(2)忽略对结构的受力情况影响不大的次要因素，使计算工作尽量简化。

二 结构简化的主要内容

学一学

结构计算简图的内容包括结构体系的简化、节点的简化、支座的简化以及荷载的简化。

1 体系的简化

(1)平面简化

实际的工程结构,一般都是由若干构件或杆件按照某种方式组成的空间结构。因此,首先要把这种空间形式的结构根据其实际的受力情况,简化为平面形式的结构,如图 1-28 所示。

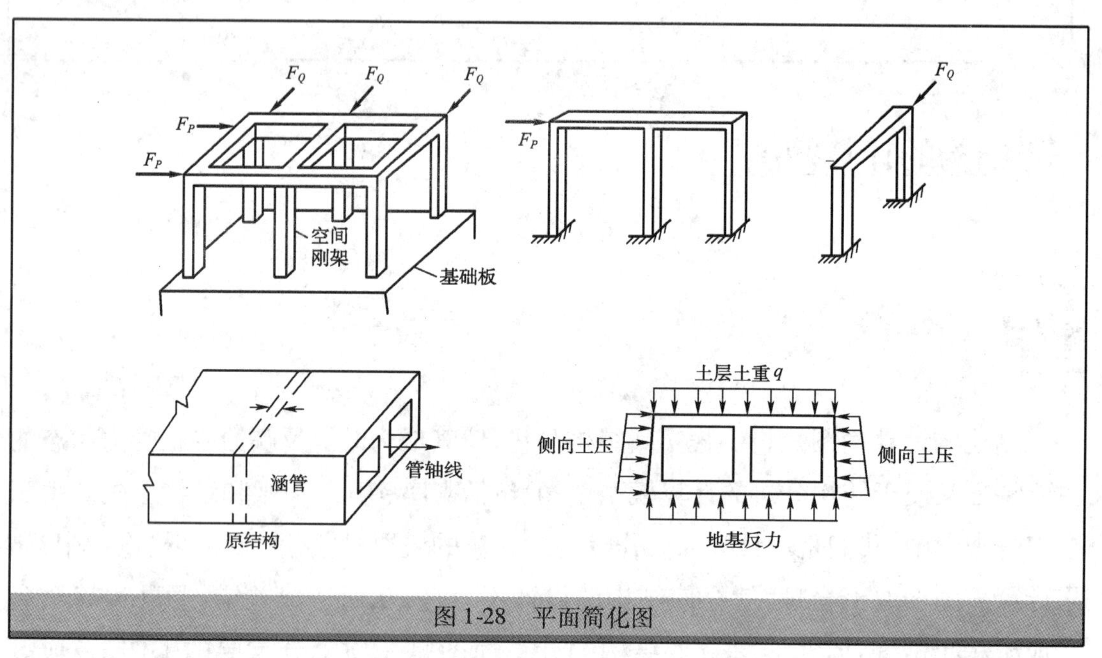

图 1-28 平面简化图

(2)杆件简化

对于构件或杆件,由于它们的截面尺寸通常要比其长度小得多,因此在计算简图中,通常用其纵向轴线来表示杆件,如图 1-29 所示。

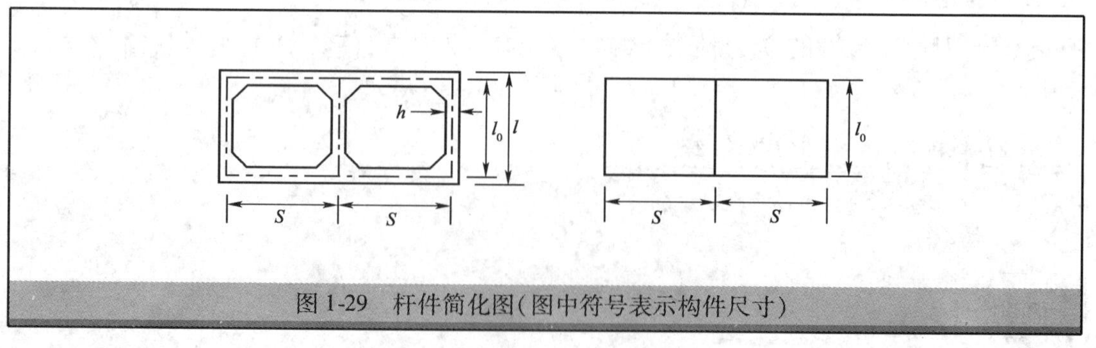

图 1-29 杆件简化图(图中符号表示构件尺寸)

2 节点的简化

在结构中,杆件与杆件相互连接处称为节点。尽管各杆之间连接的形式是多种多样的，特别是材料不同会使连接的方式有较大的差异，但是在计算简图中，只简化为两种理想的连接方式，即铰节点和刚节点，或者两种节点的组合形式。

铰节点是指杆件与杆件之间以圆柱铰链约束的形式连接，连接后，杆件之间可以绕节点中心自由地转动而不能产生相对移动。在工程实际中的连接[图1-30a)]，一般认为各杆之间可以产生比较微小的转动，所以在计算简图中杆与杆之间的连接方式常简化成如图1-30b)所示的铰节点。

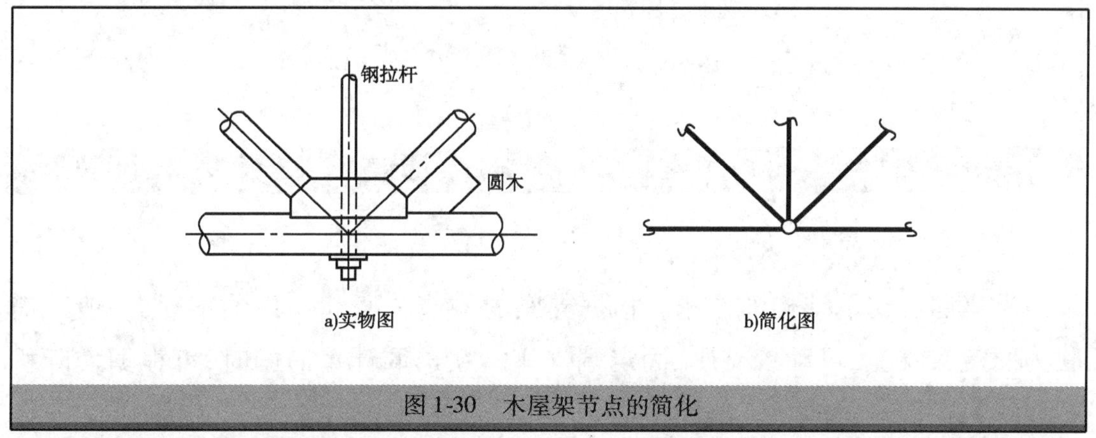

图1-30　木屋架节点的简化

图1-31a)所示为典型的合页式铰，图1-31d)所示为其计算简图。图1-31b)、c)所示分别为木结构与钢结构的节点构造图。它们通常简化为铰节点，计算简图为如图1-31e)、f)所示。

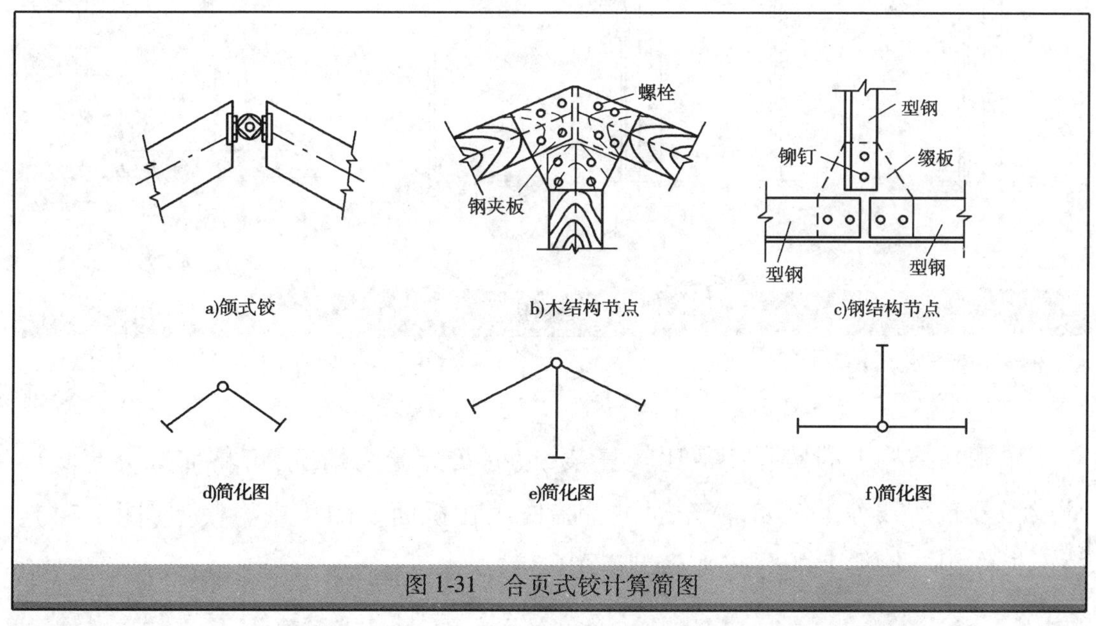

图1-31　合页式铰计算简图

刚节点是指构件之间既不能产生相对移动,也不能产生相对转动,即使结构在荷载作用下发生了变形,在节点处各杆端之间的夹角仍然保持不变。图 1-32 所示为现浇钢筋混凝土结构的连接。

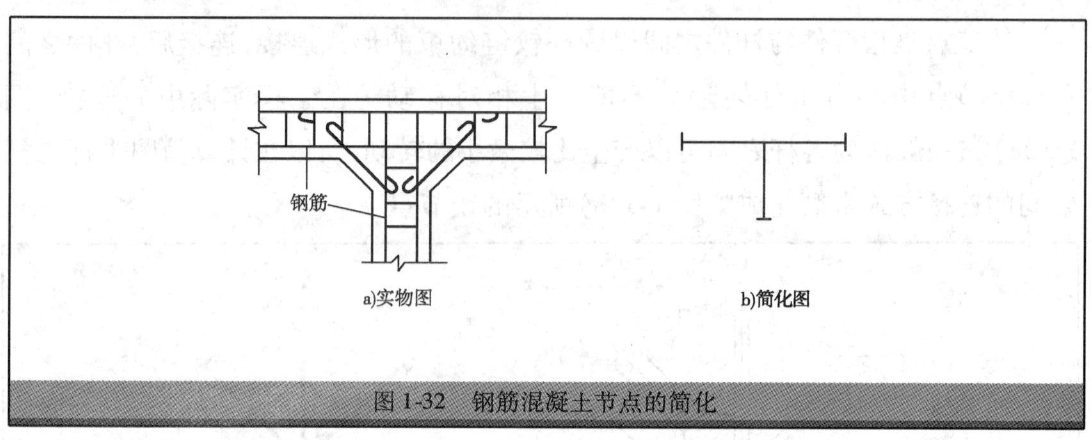

图 1-32 钢筋混凝土节点的简化

3 支座的简化

支座起着支承结构的作用。根据支座的构造和所起作用的不同,一般可简化为固定铰支座、可动铰支座、固定端支座。在选取计算简图时,可根据实际构造和约束情况进行简化。如图 1-33 所示。

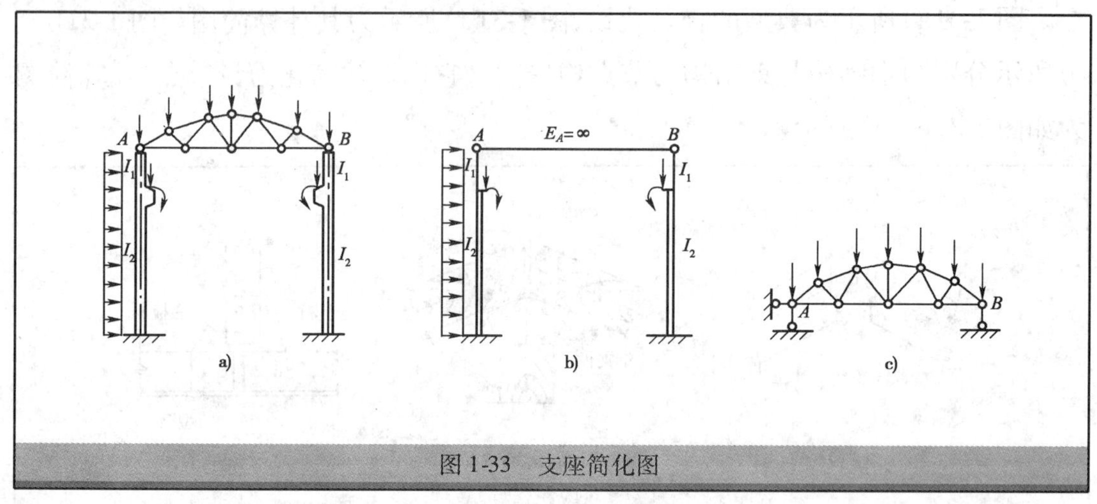

图 1-33 支座简化图

4 荷载的简化

作用在结构上的实际荷载比较复杂,根据实际受力情况,可将荷载分为集中荷载和分布荷载等。例如,汽车通过轮胎作用在桥面上的集中力模型(图 1-34),桥面板作用在钢梁上的分布力模型(图 1-35)。

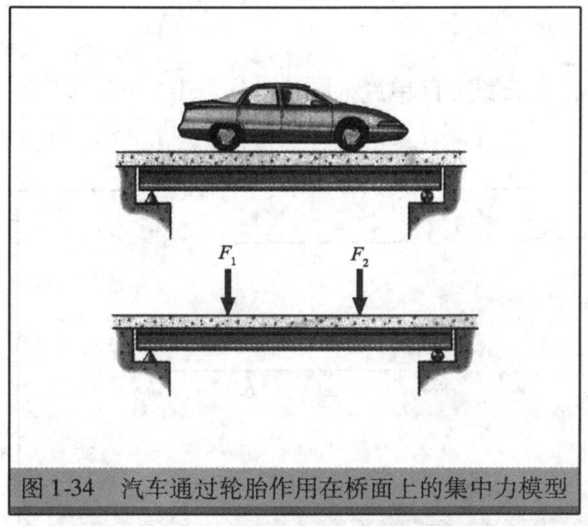

图1-34　汽车通过轮胎作用在桥面上的集中力模型

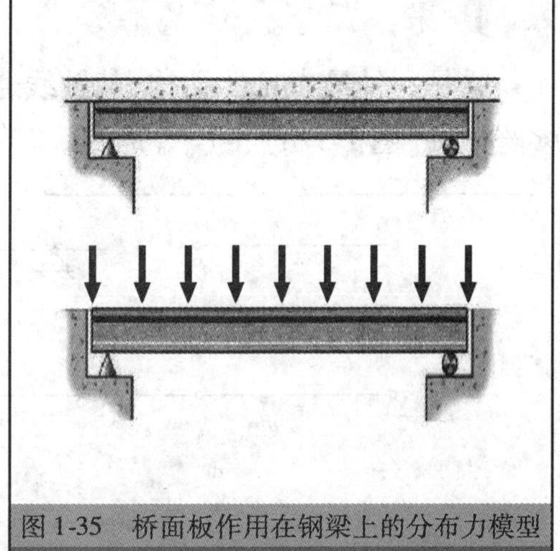
图1-35　桥面板作用在钢梁上的分布力模型

图1-36为五层钢筋混凝土框架结构的计算简图。其中，横、竖线分别代表各层梁柱结构。梁柱交接处应视为相互不能发生转动的刚性节点，支座均视为固定端。梁上承受由板传来的竖向荷载，框架边柱上作用的是水平风荷载。

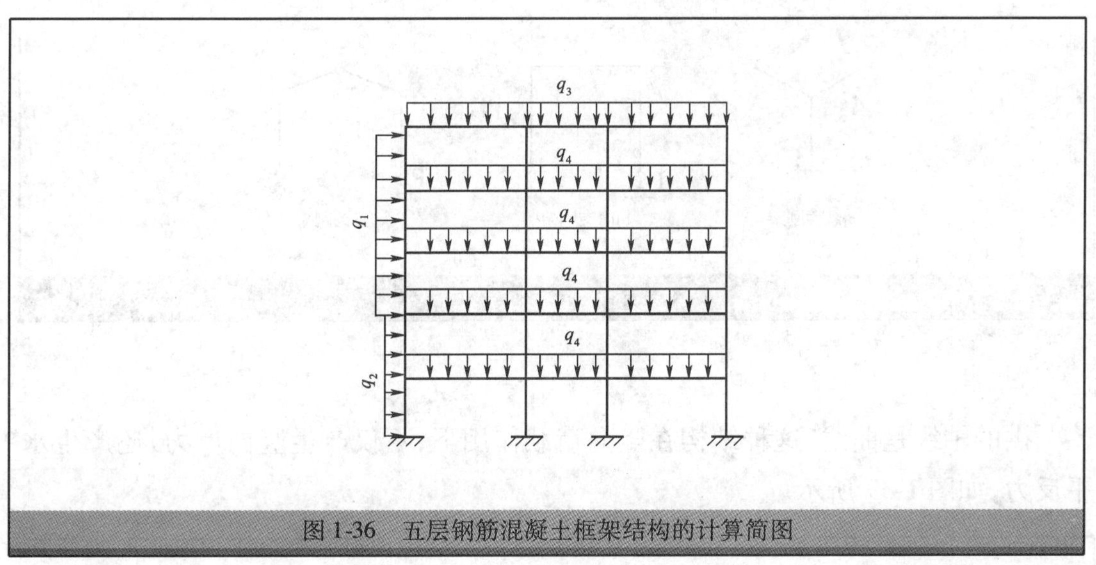

图1-36　五层钢筋混凝土框架结构的计算简图

三　平面杆系结构的分类

凡是组成结构的所有杆件的轴线和作用在结构上的荷载都位于同一平面内，这种结构称为平面杆系结构。

平面杆系结构通常可分为梁、刚架、拱、桁架和组合结构。

1 梁

梁是一种最常见的结构，其轴线通常为直线，有单跨[图1-34a)、b)、c)]以及多跨连续[图1-37d)、e)]等形式。

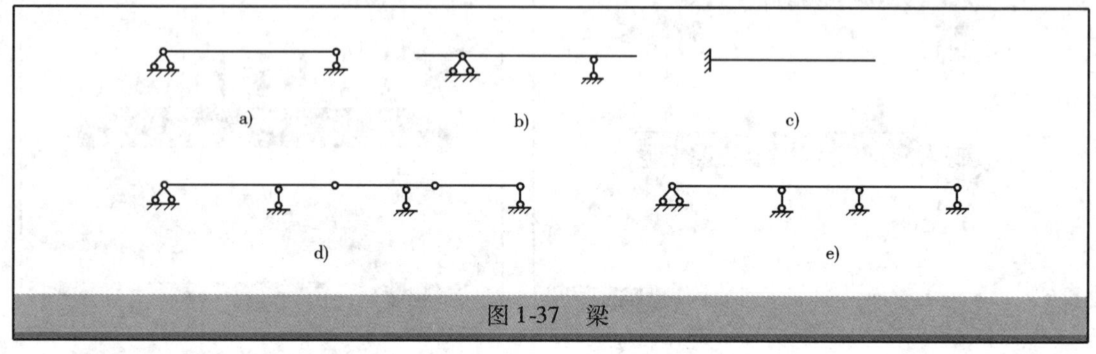

图1-37 梁

2 刚架

刚架由直杆组成，各杆主要受弯曲变形，节点大多数是刚节点，也可以有部分铰节点。悬臂刚架、简支刚架和三铰刚架分别如图1-38a)、b)、c)所示。

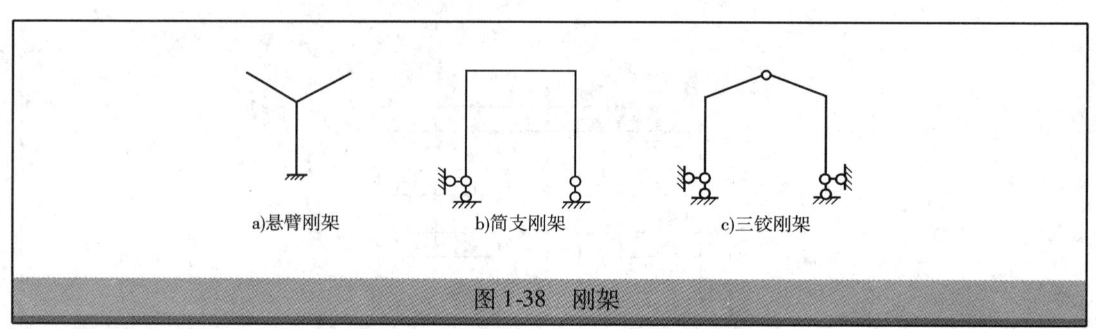

图1-38 刚架

3 拱

拱的轴线是曲线，这种结构在竖向荷载作用下，不仅产生竖向反力，还产生水平反力，如图1-39所示。

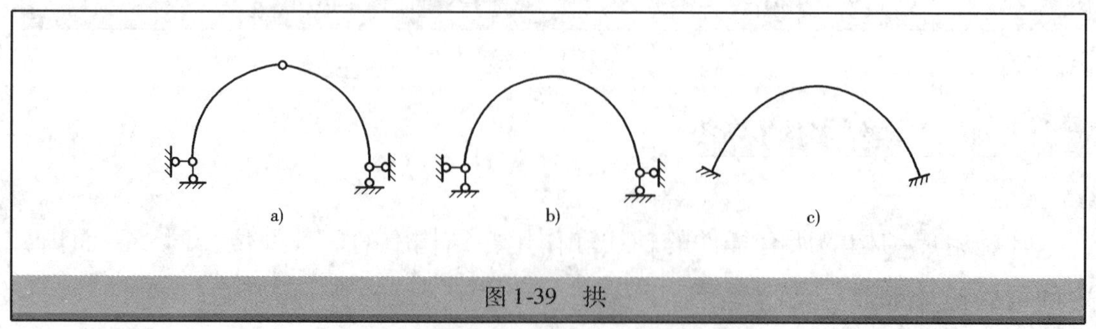

图1-39 拱

4 桁架

桁架由直杆组成,各节点都假设为理想的铰节点,荷载作用在节点上,各杆只产生轴力。图1-40a)所示为平行弦桁架。图1-40b)所示为一个三角形桁架。图1-40c)所示为折线形桁架。

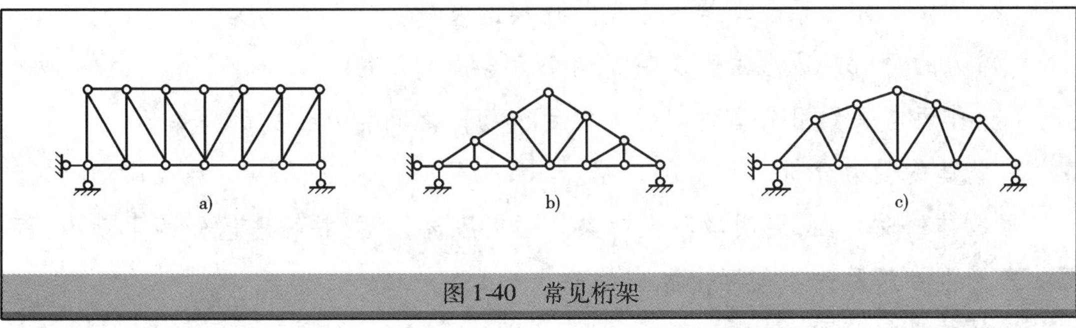

图1-40　常见桁架

5 组合结构

在组合结构中,一部分是桁架杆件,只承受轴力,而另一部分杆件则是梁或刚架杆件,即受弯杆件,主要受弯矩和剪力。也就是说,这种结构由两种结构组合而成,如图1-41所示。

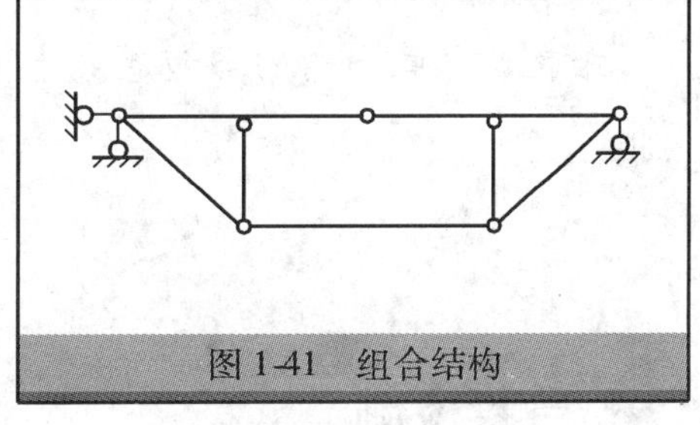

图1-41　组合结构

单元小结

静力学主要研究力系的简化和平衡条件两个问题。本章讨论静力学的基本概念、静力学公理、常见的约束及物体受力分析的基本方法。

1. 静力学的基本概念

(1)力是物体间相互的机械作用,这种作用使物体的运动状态改变或使物体产生变形。力对物体的作用取决于力的三要素:大小、方向和作用点。

(2)刚体是在任何外力作用下,大小和形状保持不变的物体。

(3)平衡是物体相对于地球保持静止或做匀速直线运动的状态。

(4)约束是阻碍物体运动的限制物。约束阻碍物体运动趋向的力,称为约束反力。约束反力的方向根据约束的类型来决定,它总是与约束所能阻碍物体的运动方向相反。

2. 静力学公理

静力学公理揭示了力的基本性质，是静力学的理论基础。

(1) 二力平衡公理说明了刚体的平衡条件。

(2) 加减平衡力系公理是力系等效代换的基础。

(3) 力的平行四边形法则反映了两个力合成的规律。

(4) 作用与反作用公理说明了力在两个物体之间相互作用的关系。

3. 物体的受力分析

画物体的受力图，要明确研究对象。画出脱离体图，并画出已知的主动力，根据约束类型在解除约束处画出相应的约束反力。

4. 结构计算简图

结构计算简图的内容包括结构体系的简化、节点的简化、支座的简化和荷载的简化。

自我检测

1. 试说明下列式子的意义和区别。

(1) $F_1 = F_2$

(2) $F_1 = -F_2$

(3) 力 F_1 等于 F_2

2. 二力平衡公理和作用力与反作用力区别在哪里？

3. 判断下列说法是否正确，并说明原因。

(1) 刚体是指在外力作用下变形很小的物体。　(　　)

(2) 凡是两端用铰链连接的直杆都是二力杆。　(　　)

(3) 若两个力相等，则这两个力就等效。　(　　)

(4)如图所示力 **F** 可沿其作用线由 *D* 点滑移到 *E* 点，而不改变作用效应。（　　）

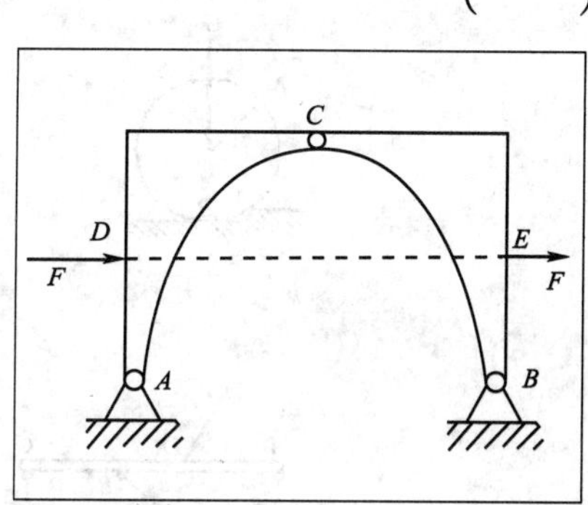

4. 如图所示，试在各杆的 *A*、*B* 两点各加一个力，使该杆处于平衡状态。

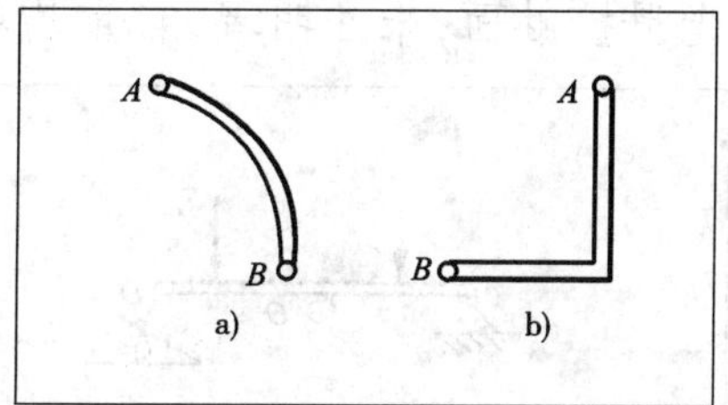

5. 如图所示，自重为 **G** 的滑块 *A* 放在光滑的斜面上，试由光滑接触面约束的性质及二力平衡公理，分析滑块 *A* 能不能在斜面上平衡，并判断此时滑块 *A* 是否为二力构件。

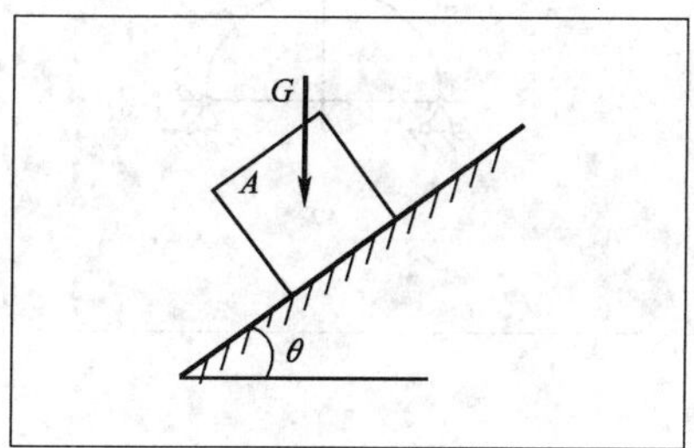

6. 如图所示，画出下列各单个物体的受力图。所有的接触面均为光滑接触面，未注明者，自重均不计。

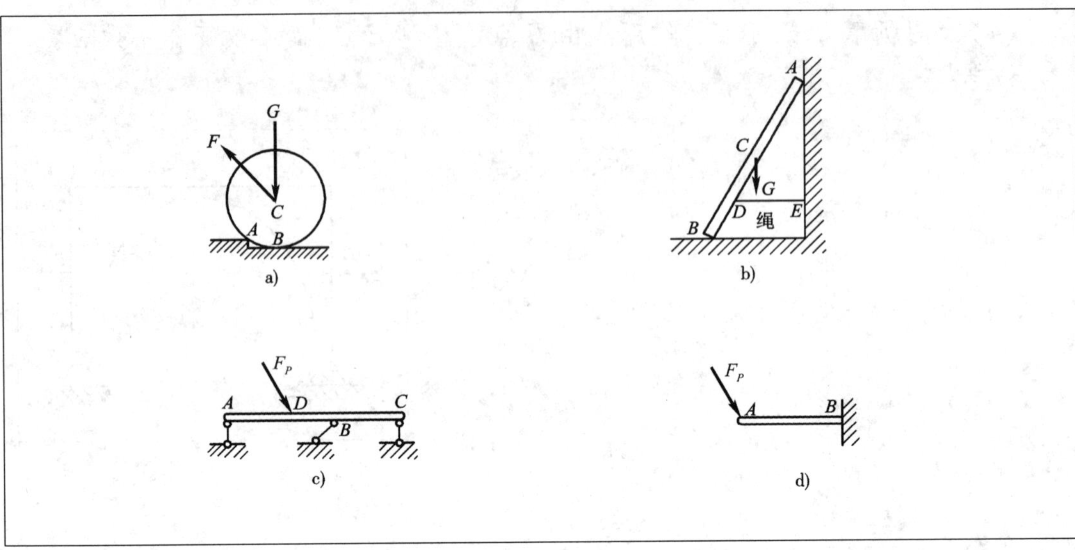

7. 如图所示,画出下列各题整体及各部分物体的受力图。所有的接触面均为光滑接触面,未注明者,自重均不计。

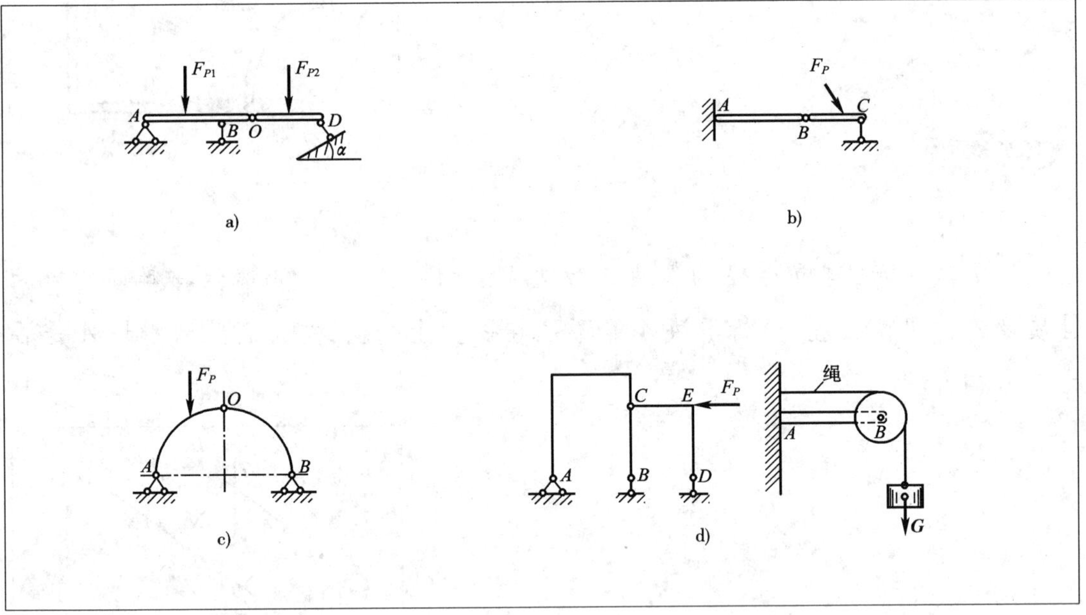

单元 2

平面力系的平衡

平面力系是工程中常见的力系。工程中有些结构所承受的本来不是平面力系,但可以简化为平面力系来处理。平面力系可根据其特点分为:平面汇交力系、平面力偶系和平面一般力系。本单元介绍了力在坐标轴上的投影、合力投影定理、力对点之矩、合力矩定理、平面力偶系、平面汇交力系及平面一般力系的合成与平衡,从而得出其平衡方程及应用。

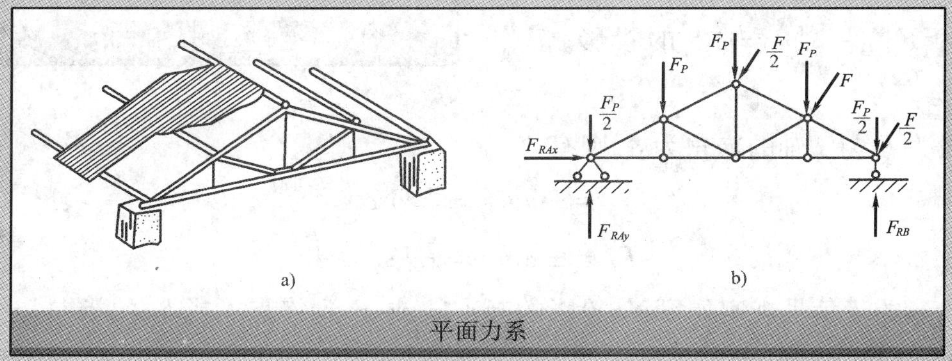

平面力系

2.1 平面汇交力系

平面汇交力系是各力的作用线在同一平面内且相交于一点的力系，本节主要介绍力在坐标轴的投影、平面汇交力系的平衡方程及其应用。

一 力在坐标轴上的投影

学一学

如图2-1所示，在力 $\boldsymbol{F}$ 作用的平面内建立直角坐标系 Oxy。从力 $\boldsymbol{F}$ 的始端 A 和末端 B 分别向 x 轴和 y 轴作垂线，得垂足 a、b 和 a_1、b_1，所得两垂足之间的线段 ab 和 a_1b_1 的长度加正号或负号就称为力 $\boldsymbol{F}$ 在 x 轴、y 轴上的投影，记作 $\boldsymbol{F}_x$、$\boldsymbol{F}_y$。

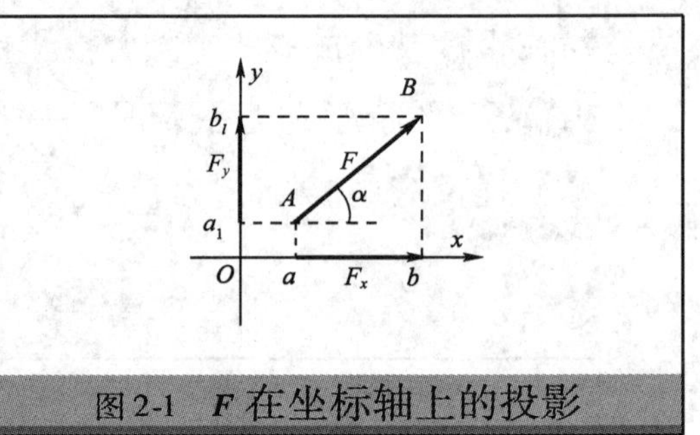

图2-1 $\boldsymbol{F}$ 在坐标轴上的投影

设力 $\boldsymbol{F}$ 与 x 轴的夹角为 α，则有：

$$\left.\begin{aligned} F_x &= \pm ab = \pm F\cos\alpha \\ F_y &= \pm a_1b_1 = \pm F\sin\alpha \end{aligned}\right\} \tag{2-1}$$

投影的正负号规定如下：从投影的起点 a 或 a_1 到终点 b 或 b_1 的指向与投影坐标轴正向一致时，力的投影取正号；反之，取负号。力在坐标轴上的投影是代数量。

力在坐标轴上投影时，存在以下两种特殊情况：

（1）当力与坐标轴垂直时，力在该轴上的投影等于零。

（2）当力与坐标轴平行时，力在该轴上的投影的绝对值等于该力的大小。

【例2-1】 已知 $F_1 = F_2 = F_3 = F_4 = 100\text{N}$，试分别求出图2-2中各力在 x 轴和 y 轴上的投影。

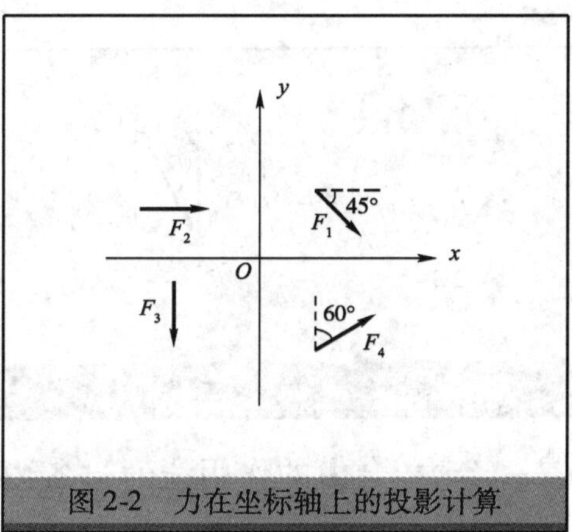

图2-2　力在坐标轴上的投影计算

解：$F_{1x} = F_1 \cos45° \approx 100 \times 0.707 \approx 70.7\text{N}$

$F_{1y} = -F_1 \sin45° \approx -100 \times 0.707 \approx -70.7\text{N}$

$F_{2x} = 100\text{N}$

$F_{2y} = 0$

$F_{3x} = 0$

$F_{3y} = -100\text{N}$

$F_{4x} = F_4 \sin60° \approx 100 \times 0.866 \approx 86.6\text{N}$

$F_{4y} = F_4 \cos60° = 100 \times 0.5 = 50\text{N}$

练一练

已知 $F_1 = 100\text{kN}$，$F_2 = 200\text{kN}$，试求图2-3中 $\boldsymbol{F}_1$、$\boldsymbol{F}_2$ 在 x 轴和 y 轴上的投影。

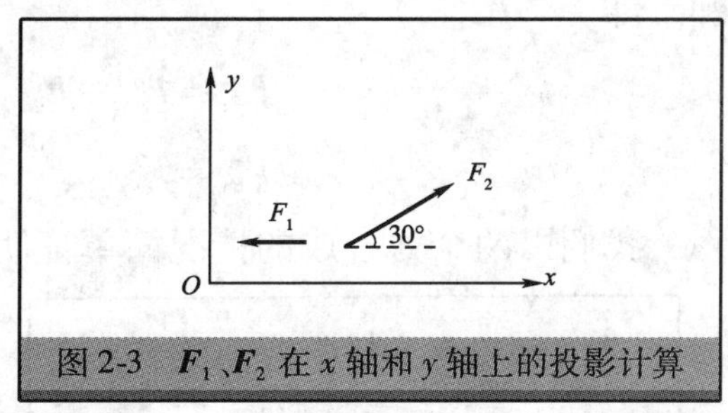

图2-3　$\boldsymbol{F}_1$、$\boldsymbol{F}_2$ 在 x 轴和 y 轴上的投影计算

二　平面汇交力系的平衡

想一想

图2-4a）中的3个力可否用一个力来替代？

单元2　平面力系的平衡

学一学

1 平面汇交力系的合成

图2-4a)中的三个力可以用一个等效力来替代。如图2-4b)所示，连续应用力的平行四边形法则，先将 $\boldsymbol{F}_1$ 与 $\boldsymbol{F}_2$ 合成得 $\boldsymbol{F}_{12}$，再将 $\boldsymbol{F}_{12}$ 与 $\boldsymbol{F}_3$ 合成得原汇交力系 $\boldsymbol{F}_1$、$\boldsymbol{F}_2$、$\boldsymbol{F}_3$ 的合力 $\boldsymbol{F}_R$。

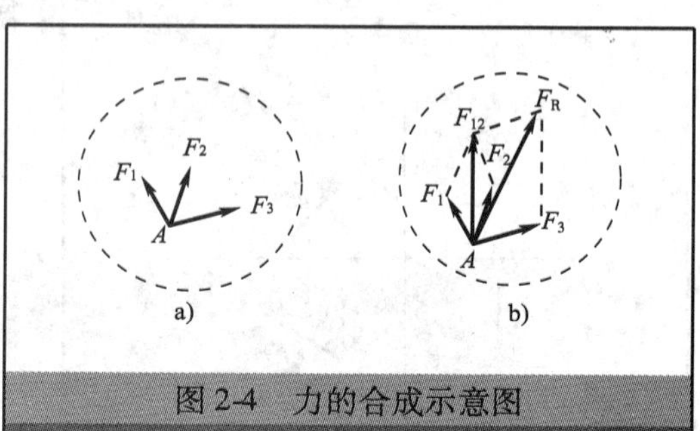

图2-4 力的合成示意图

上述结果表明：平面汇交力系的合成结果是一合力，合力的作用线通过各力的汇交点。

2 合力投影定理

由于力的投影是代数量，所以各力在同一轴上的投影可以进行代数运算，因此可得合力投影定理：

合力在坐标轴上的投影（F_{Rx}，F_{Ry}）等于各分力在同一坐标轴上投影的代数和。即

$$\left.\begin{aligned} F_{Rx} &= F_{1x} + F_{2x} + \cdots + F_{nx} = \Sigma F_x \\ F_{Ry} &= F_{1y} + F_{2y} + \cdots + F_{ny} = \Sigma F_y \end{aligned}\right\} \tag{2-2}$$

我们以两个力合成的情况简单证明如下：

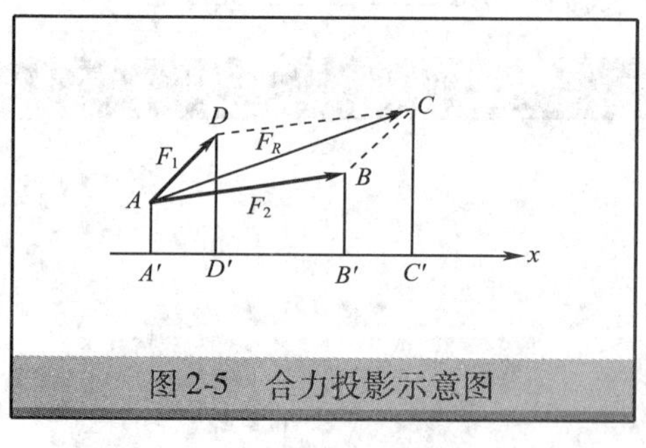

图2-5 合力投影示意图

设在平面内作用于 A 点有两个力 $\boldsymbol{F}_1$、$\boldsymbol{F}_2$，用力的平行四边形法则求出其合力 $\boldsymbol{F}_R$。取投影轴 x，由图2-5可见，合力 $\boldsymbol{F}_R$ 的投影为 $A'C'$，$\boldsymbol{F}_1$ 的投影为 $A'D'$，$\boldsymbol{F}_2$ 的投影为 $A'B'$，由于 $B'C' = A'D'$，显然 $F_{Rx} = A'C' = A'B' + B'C' = A'B' + A'D' = F_{2x} + F_{1x}$

3 平面汇交力系的平衡条件

平面汇交力系的合成结果是一个合力，若合力为零，则物体处于平衡状态。反之，若物体在平面汇交力系作用下处于平衡，则该力系的合力一定为零。这两

个方面统称为平面汇交力系平衡时的充分和必要条件。写成数学表达式如下：

$$\left.\begin{aligned}F_{Rx}&=0\\F_{Ry}&=0\end{aligned}\right\}\qquad(2\text{-}3)$$

4 平面汇交力系的平衡方程

由式(2-2)和式(2-3)得：

$$\left.\begin{aligned}\Sigma F_x&=0\\\Sigma F_y&=0\end{aligned}\right\}\qquad(2\text{-}4)$$

即：力系中各力在两个坐标轴上投影的代数和分别等于零。式(2-4)称为平面汇交力系的平衡方程。这是两个独立的平衡方程，可以求解两个未知量。

三 应用

【例2-2】 图2-6a)所示为三角支架，已知$G=10\text{kN}$，杆自重不计，求AB、AC两杆所受的力。

解：(1)取铰A为研究对象，画受力图，由于AB、AC两杆为二力杆件，因此铰A受已知力G和未知约束反力$\boldsymbol{F}_{AB}$、$\boldsymbol{F}_{AC}$三个力作用，如图2-6b)所示。

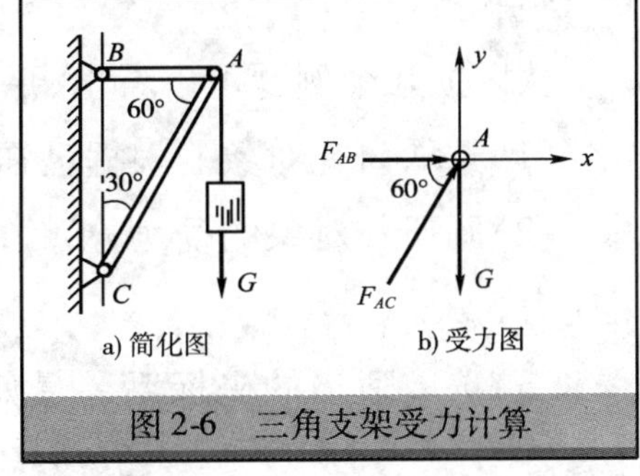

图2-6 三角支架受力计算

(2)建立如图2-6b)所示的坐标轴，列平衡方程即可得：

$$\Sigma F_y=0 \qquad F_{AC}\sin60°-G=0$$

$$F_{AC}=\frac{G}{\sin60°}\approx\frac{10}{0.866}\approx11.6\text{kN}$$

$$\Sigma F_x=0 \qquad F_{AB}+F_{AC}\cos60°=0$$

$$F_{AB}=-F_{AC}\cos60°=-11.6\times0.5=-5.8\text{kN}$$

计算结果F_{AB}为负值，说明$\boldsymbol{F}_{AB}$实际受力方向与图示方向相反。

【例2-3】 起吊时构件在图2-7a)所示的位置平衡，已知构件重$G=30\text{kN}$，试求钢索AB和AC的拉力。

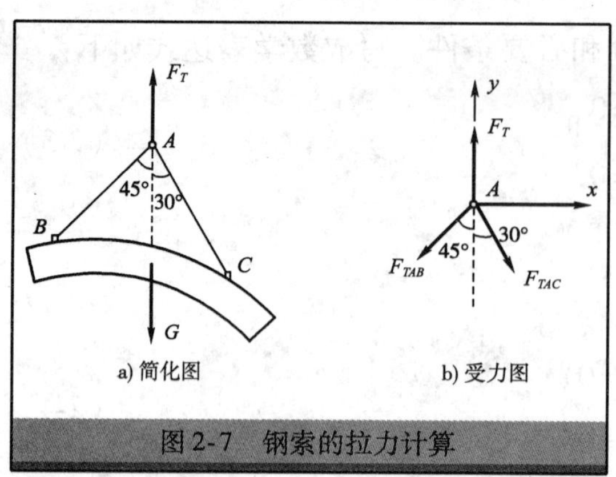

图 2-7 钢索的拉力计算

解:(1)取 A 为研究对象,画受力图,AB、AC 为钢索,属柔体约束,因此 A 受已知力 $\boldsymbol{F}_T$ 和未知约束反力 $\boldsymbol{F}_{TAB}$、$\boldsymbol{F}_{TAC}$ 三个力作用,如图 2-7b)所示。

(2)建立如图 2-7b)所示的坐标轴,列平衡方程即可得:

$\sum F_x=0$ $\qquad F_{TAC}\sin30°-F_{TAB}\sin45°=0$

$$F_{TAC}=\sqrt{2}F_{TAB}$$

$\sum F_y=0$ $\qquad F_T-F_{TAC}\cos30°-F_{TAB}\cos45°=0$

将 $F_{TAC}=\sqrt{2}F_{TAB}$ 代入上式有:

$$F_T-\sqrt{2}F_{TAB}\cos30°-F_{TAB}\cos45°=0$$

显然有 $F_T=G=30\text{kN}$,解上式得:

$$F_{TAB}\approx15.5\text{kN}$$

因此 $\qquad F_{TAC}=\sqrt{2}F_{TAB}\approx1.414\times15.5\approx21.9\text{kN}$

从以上几个例题可以看出,平面汇交力系平衡问题的解题步骤如下:

(1)选取研究对象。根据已知量和待求量,选择适当的研究对象。

(2)画研究对象的受力图。在研究对象上画出它所受到的全部主动力和约束反力。

(3)选取适当的坐标系。最好使某一坐标轴与一个未知力垂直,以便简化计算。

(4)列平衡方程求解未知量。列方程时,应注意各力投影的正负号。

练一练

图 2-8 所示为三角支架,已知 $F_P=20\text{kN}$,杆自重不计,求 AB、AC 两杆所受的力。

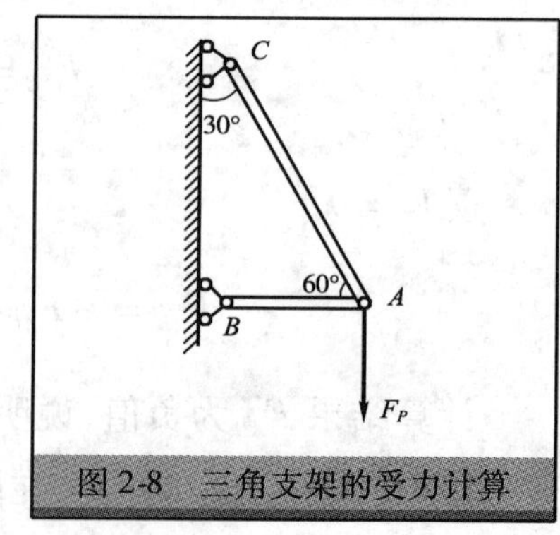

图 2-8 三角支架的受力计算

2.2 力矩

在度量力对物体的转动效应和研究平面一般力系时，需要掌握力矩的概念，并能计算其大小。利用合力矩定理可以简化力矩的计算。

一 力对点之矩

想一想

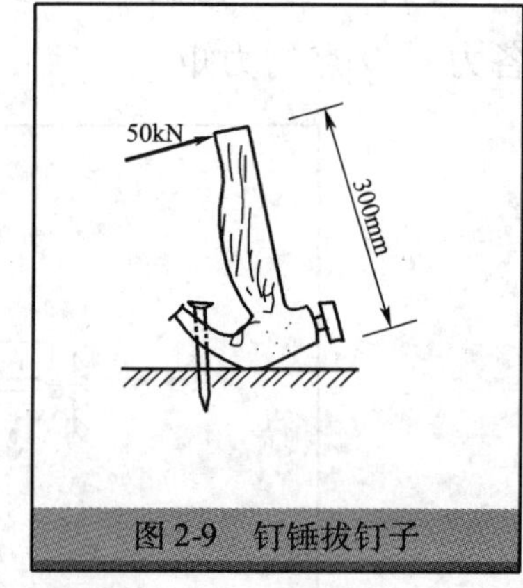

图2-9 钉锤拔钉子

如图2-9所示，在生活中，有时我们用手拔钉子拔不出来，而为什么用钉锤一下子就能拔出来呢？

学一学

图2-10为用扳手拧螺母的示意图，作用于扳手上的力 $\boldsymbol{F}$ 使扳手绕 O 点转动。

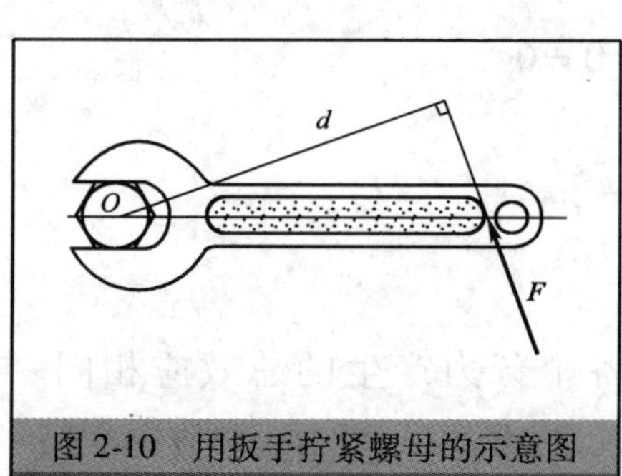

图2-10 用扳手拧紧螺母的示意图

由经验可知，力 $\boldsymbol{F}$ 的数值愈大，或者力 $\boldsymbol{F}$ 的作用线离螺母中心 O 的垂直距离 d 愈远，则愈容易使扳手绕 O 点转动。用钉锤拔钉子也具有类似的性质。可见乘积 $F \cdot d$ 可作为力使物体转动效应强度的度量。将乘积 $F \cdot d$ 冠以适当的正、负号，称为力 $\boldsymbol{F}$ 对 O 点之矩，简称力矩。用 $M_O(\boldsymbol{F})$ 表示，即

$$M_O(\boldsymbol{F}) = \pm Fd \tag{2-5}$$

式中：O——矩心；

d——力臂。

式中的正负号用来表示力 $\boldsymbol{F}$ 使物体绕 O 点转动的方向。通常规定：力使物体绕矩心逆时针转向时为正，反之为负。

力矩在两种情况下等于零：力等于零或力的作用线通过矩心（即力臂等于零）。

力矩的单位常用 N·m 或 kN·m。

【例 2-4】 如图 2-11 所示，已知 $F_{P1}=200\text{N}$，$F_{P2}=100\text{N}$，$F_{P3}=300\text{N}$。试求各力对 O 点的力矩。

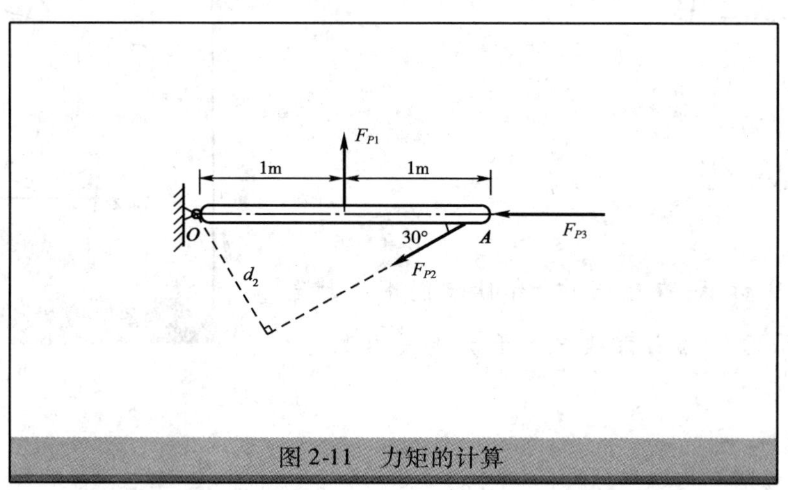

图 2-11 力矩的计算

解：

$$M_O(\boldsymbol{F}_{P1}) = F_{P1}d_1 = 200\times1 = 200\text{N}\cdot\text{m}$$

$$M_O(\boldsymbol{F}_{P2}) = F_{P2}d_2 = -100\times2\sin30° = -100\text{N}\cdot\text{m}$$

因为力 $\boldsymbol{F}_{P3}$ 的作用线通过矩心 O，有 $d_3=0$，故

$$M_O(\boldsymbol{F}_{P3}) = F_{P3}d_3 = 300\times0 = 0$$

二 合力矩定理

由于一个力系的合力产生的效应与力系中各个分力产生的总效应相同。因此，合力对平面内任一点之矩，等于所有各分力对同一点之矩的代数和。这就是合力矩定理。即

$$M_O(\boldsymbol{F}_R) = M_O(\boldsymbol{F}_1) + M_O(\boldsymbol{F}_2) + \cdots + M_O(\boldsymbol{F}_n) = \sum M_O(\boldsymbol{F}) \qquad (2\text{-}6)$$

计算力矩时，最重要的是确定力臂，但在某些实际问题中，由于几何关系比较复杂，力臂不易求出，这时我们可以将此力分解为相互垂直的分力，如果两分力对该点力臂已知，即可求出两分力对该点的力矩的代数和，从而求出原力对该点的力矩。

【例 2-5】　如图 2-12 所示，已知 $q = 10\text{kN/m}$，$L = 4\text{m}$，求均布荷载 $\boldsymbol{q}$ 对 A 点的力矩。

解：均布荷载的作用效果可用其合力 $F_Q = qL$，合力 F_Q 作用点在分布长度 L 中点，即作用在 $L/2$ 处。根据合力矩定理可得：

$$M_O(\boldsymbol{F}_Q) = -qL\frac{L}{2} = -10 \times 4 \times \frac{4}{2} = -80\text{kN}\cdot\text{m}$$

【例 2-6】　如图 2-13 所示，已知 $F = 2\text{kN}$，$a = 2\text{m}$，$b = 1\text{m}$，$\alpha = 30°$，求 $\boldsymbol{F}$ 对 A 点的力矩。

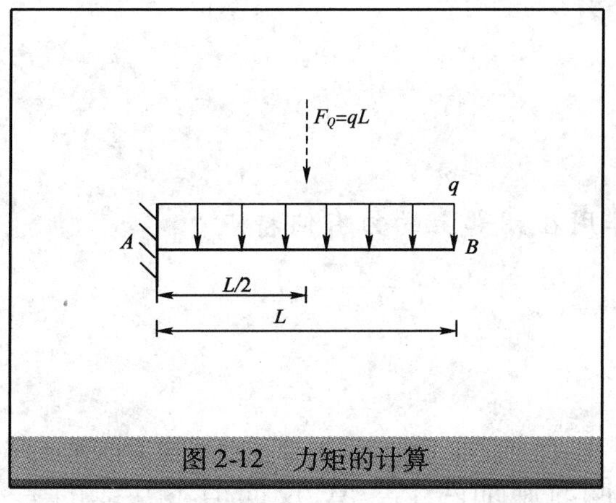

图 2-12　力矩的计算

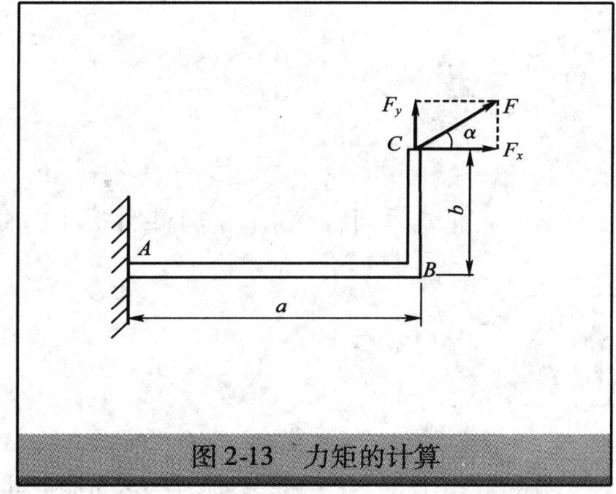

图 2-13　力矩的计算

解：先将力 $\boldsymbol{F}$ 分解为 $\boldsymbol{F}_x$ 和 $\boldsymbol{F}_y$ 两个分力，利用合力矩定理可计算出力 $\boldsymbol{F}$ 对 A 点之矩为：

$$\begin{aligned} M_A(\boldsymbol{F}) &= M_A(\boldsymbol{F}_x) + M_A(\boldsymbol{F}_y) \\ &= -F_x \cdot b + F_y \cdot a \\ &= -F\cos\alpha \cdot b + F\sin\alpha \cdot a \\ &= -2 \times \cos30° \times 1 + 2 \times \sin30° \times 2 \approx 0.268\text{kN}\cdot\text{m} \end{aligned}$$

*2.3 平面力偶系

力偶和力一样,是组成力系的基本元素,它由一对大小相等,方向相反作用线相互平行的力组成。本节主要介绍力偶的概念、力偶的性质、平面力偶系的合成与平衡。

一 力偶的概念

在日常生活中,我们用钥匙开门时,作用在钥匙上的力有何特点?

学一学

在日常生活和工程实际中,我们往往同时施加两个等值、反向但不共线的平行力来使物体转动。例如,汽车驾驶员用双手转动转向盘[图 2-14a)],用两个手指拧动水龙头[图 2-14b)]拧动钥匙等。实践证明,这样的两个力 $\boldsymbol{F}$、$\boldsymbol{F}'$组成的力系只产生转动效应而不产生移动效应,这种力系,称为力偶,记作($\boldsymbol{F}$,$\boldsymbol{F}'$)。力偶的两力之间的垂直距离 d 称为力偶臂,力偶所在的平面称为力偶的作用面。

图 2-15 所示,在力偶作用面内任取一点 O 为矩心,则力偶的两个力对 O 点之矩的和为:

$$M_O(\boldsymbol{F},\boldsymbol{F}') = Fx - F(x+d) = -Fd \tag{2-7}$$

这一结果表明,力偶对作用面内任意一点的矩与矩心的位置无关。因此,将力偶中力的大小与力偶臂的乘积并冠以正负号称为力偶矩，记作 $M(\boldsymbol{F},\boldsymbol{F}')$ 或简记为 $\boldsymbol{M}$。

$$M = M(\boldsymbol{F},\boldsymbol{F}') = \pm Fd \tag{2-8}$$

式(2-8)中的正负号规定为：逆时针转向为正，反之为负。

力偶矩的单位与力矩的单位相同，即 N·m 或 kN·m。

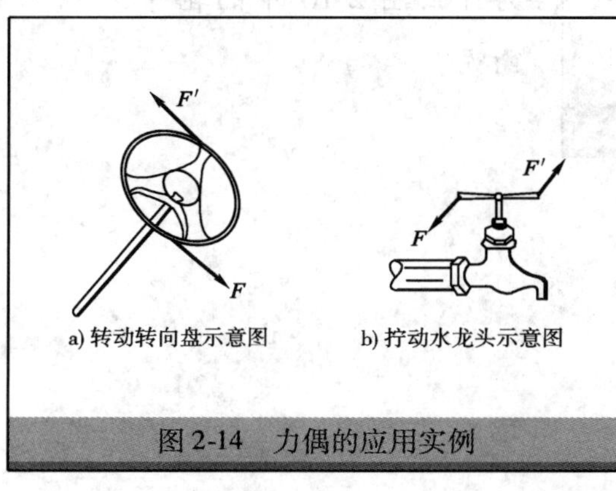

图 2-14　力偶的应用实例

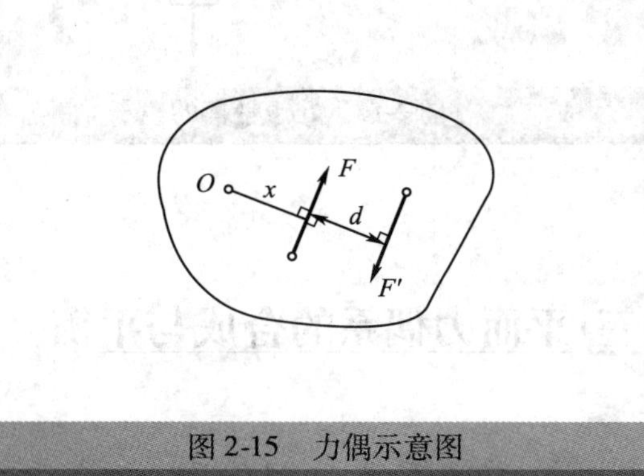

图 2-15　力偶示意图

二 力偶的性质

学一学

性质 1：力偶对物体只产生转动效应，而不产生移动效应。因此，一个力偶既不能用一个力代替，也不能和一个力平衡（力偶在任意坐标轴上投影为零）。力与力偶是表示物体间相互机械作用的两个基本元素。

性质 2：力偶对物体的转动效应，只用力偶矩度量而与矩心的位置无关。也就是说，力偶对其作用面内任一点的矩都等于力偶矩，而与矩心位置无关。

性质 3：只要力偶矩保持不变，力偶可在其作用面内任意移动，或可以同时改变力偶中力的大小和力偶臂的长短，而不改变力偶对物体的作用效应。也就是说，如果两个力偶的三要素相同（力偶转向、力偶的作用面、力偶矩大小），则两力偶等效。

根据这一性质可以在力偶作用面内用 M ↻或 M ↺来表示力偶。其中，箭头表示力偶的转向，M 表示力偶矩的大小。

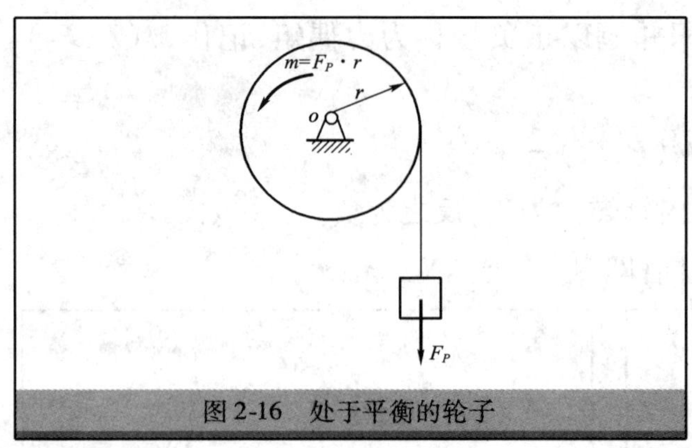

图 2-16 处于平衡的轮子

想一想

力偶不能和一个力来平衡，为什么图 2-16 中的轮子又能平衡呢？

三 平面力偶系的合成与平衡

1 平面力偶系的合成

若有 n 个力偶作用于物体的同一平面内，这种力系称为平面力偶系。在同一平面内的力偶可以进行代数运算，合成一个合力偶。合力偶矩等于各分力偶矩的代数和。即

$$M = m_1 + m_2 + \cdots + m_n = \sum m \tag{2-9}$$

2 平面力偶系的平衡

当合力偶等于零时，力偶系中各力偶对物体的转动效应相互抵消，物体处于平衡状态。所以，平面力偶系的平衡方程为：

$$\sum M = 0 \tag{2-10}$$

平面力偶系平衡的必要且充分条件是：力偶系中各力偶矩的代数和为零。

【例 2-7】 如图 2-17 所示，在物体的某平面内受到三个力偶的作用。设 $F_1 = F'_1 = 200\text{N}$，$F_2 = F'_2 = 600\text{N}$，$m = 100\text{N}\cdot\text{m}$，$d_1 = 1\text{m}$，$d_2 = 0.25\text{m}$ 求其合力偶。

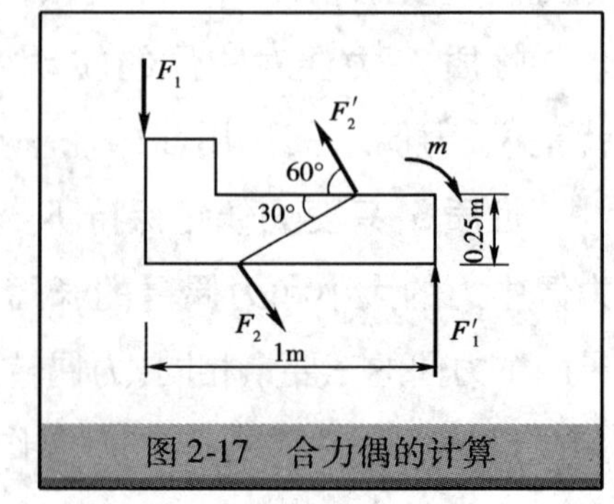

图 2-17 合力偶的计算

解：各分力偶矩为：

$m_1 = F_1 d_1 = 200 \times 1 = 200\text{N}\cdot\text{m}$

$m_2 = F_2 d_2 = 600 \times 0.25/\sin 30° = 75\text{N}\cdot\text{m}$

$$m_3 = -m = -100\text{N} \cdot \text{m}$$

由式(2-9)得合力偶矩为：

$$M = m_1 + m_2 + m_3 = 200 + 75 - 100 = 175\text{N} \cdot \text{m}$$

即合力偶矩为175N·m,转向为逆时针方向,与原力偶系共面。

2.4 平面一般力系的平衡

平面一般力系是各力的作用线在同一平面内,既不完全相交,也不完全平行的力系。本节主要介绍平面一般力系的平衡。

一 力的平移定理

想一想

如图2-18所示,作用在轮缘上A点的力,可以直接平行移动到轮心O点吗?

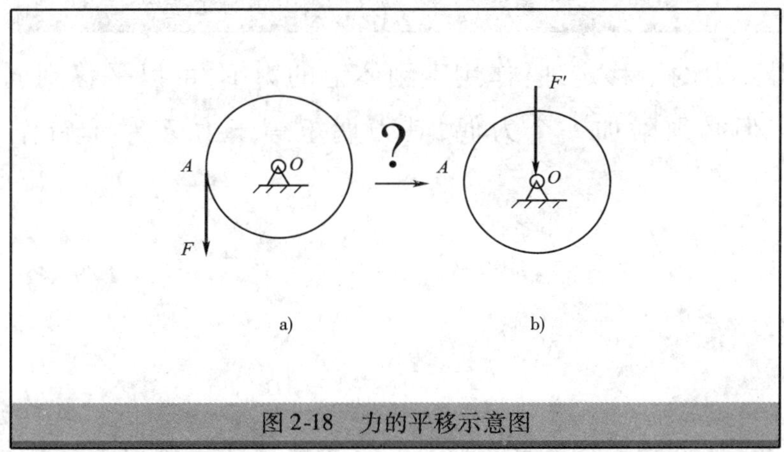

图2-18　力的平移示意图

学一学

图2-18a)中作用在轮缘上A点的力$\boldsymbol{F}$可使轮子转动，如果将它平行移动到轮心O点[图2-18b)的力$\boldsymbol{F}'$]，显然$\boldsymbol{F}'$不能使轮子转动，它们的运动效应是不同的。那么，要想把力平移而又不改变其运动效应，需要附加什么条件呢？

在图2-19a)中，物体上A点作用有一个力$\boldsymbol{F}$，现要将它平行移动到物体的任一点O，而又不改变物体的运动效果，可根据加减平衡力系公理，在点O加上一对平衡力$\boldsymbol{F}'$和$\boldsymbol{F}''$，并使$F'=F''=F$，且作用线与力$\boldsymbol{F}$平行，如图2-19b)所示。力$\boldsymbol{F}$和$\boldsymbol{F}''$组成一个力偶，其力偶矩为

$$M = Fd = M_O(\boldsymbol{F}) \tag{2-11}$$

而作用于O点的力$\boldsymbol{F}'$，其大小和方向与力$\boldsymbol{F}$相同，即相当于将力$\boldsymbol{F}$从点A平移到点O，如图2-19c)。

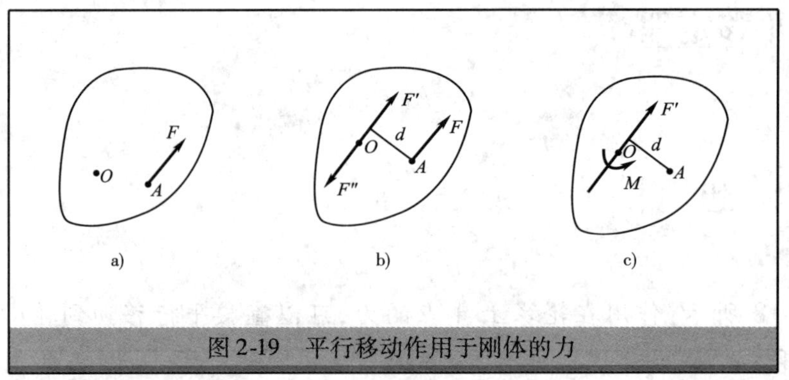

图2-19 平行移动作用于刚体的力

于是，得到力的平移定理：作用于刚体上的力$\boldsymbol{F}$，可以平移到同一刚体上的任一点O，但必须附加一个力偶，其力偶矩等于力$\boldsymbol{F}$对于新作用点O的力矩。

练一练

图2-18中，设轮的半径为r，求将作用在轮缘上A点的力平行移动到轮心O点时所应附加的力偶矩。

二 平面一般力系向一点简化

如图 2-20a）所示，设刚体上受一平面一般力系 $\boldsymbol{F}_1$、$\boldsymbol{F}_2$、…、$\boldsymbol{F}_n$ 的作用，各力的作用点分别为 A_1、A_2、…、A_n。在力系所在的平面内任选一点 O，称为简化中心。根据力的平移定理，将各力平移至简化中心 O 点，得到一个交于 O 点的平面汇交力系 $\boldsymbol{F}_1'$、$\boldsymbol{F}_2'$、…、$\boldsymbol{F}_n'$和一个力偶矩分别为 $\boldsymbol{M}_1$、$\boldsymbol{M}_2$、…、$\boldsymbol{M}_n$ 的附加平面力偶系［图 2-20b）］，这些附加力偶的矩分别等于相应的力对 O 点的矩。交于 O 点的平面汇交力系可以合成为一个合力 $\boldsymbol{F}_R'$，附加平面力偶系可以合成为一个合力偶 $\boldsymbol{M}_O$，如图 2-20c）所示。

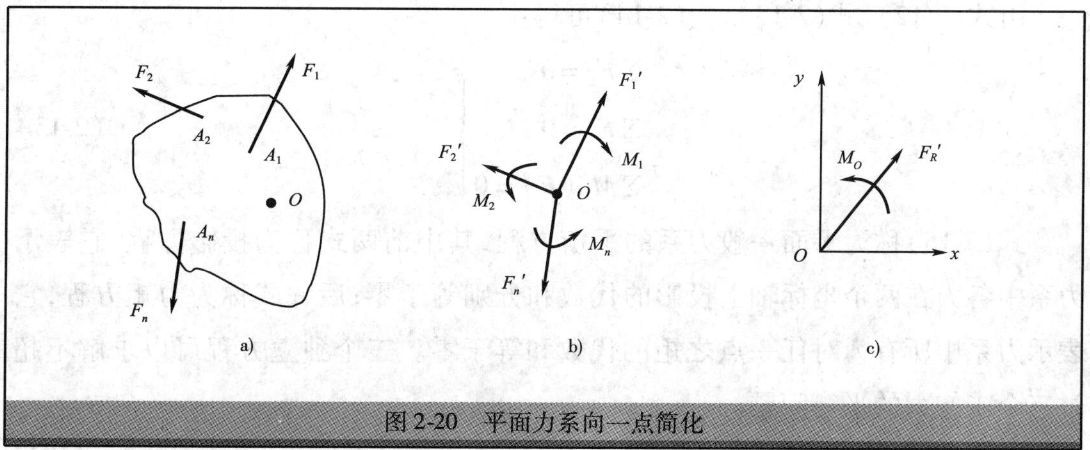

图 2-20　平面力系向一点简化

根据合力投影定理，交于 O 点的合力 $\boldsymbol{F}_R'$在 x 轴和 y 轴上的投影分别为 $\boldsymbol{F}_{Rx}'$、$\boldsymbol{F}_{Ry}'$：

$$F_{Rx}' = F_{1x}' + F_{2x}' + \cdots + F_{nx}' = F_{1x} + F_{2x} + \cdots + F_{nx} = \Sigma F_x$$
$$F_{Ry}' = F_{1y}' + F_{2y}' + \cdots + F_{ny}' = F_{1y} + F_{2y} + \cdots + F_{ny} = \Sigma F_y \qquad (2\text{-}12)$$

即合力 $\boldsymbol{F}_R'$在坐标轴上的投影等于原力系的各个分力在坐标轴上投影的代数和。

由式(2-9)和式(2-11)得附加平面力偶系的合力偶矩为：

$$M_O = M_1 + M_2 + \cdots + M_n = M_O(\boldsymbol{F}_1) + M_O(\boldsymbol{F}_2) + \cdots + M_O(\boldsymbol{F}_n) = \Sigma M_O(\boldsymbol{F}) \qquad (2\text{-}13)$$

即合力矩 M_O 等于原力系的各个分力对简化中心力矩的代数和。

三 平面一般力系的平衡方程

平面一般力系可以简化为一个合力和一个合力偶,若合力为零,合力偶矩为零,则物体处于平衡状态。反之,若物体在平面一般力系作用下处于平衡,则力系的合力、合力偶矩一定为零。这是平面一般力系平衡时的充分和必要条件。写成数学表达式如下:

$$\left.\begin{aligned} F'_{Rx} &= 0 \\ F'_{Ry} &= 0 \\ M_O &= 0 \end{aligned}\right\} \tag{2-14}$$

由式(2-12)、式(2-13)、式(2-14)可得:

$$\left.\begin{aligned} \Sigma F_x &= 0 \\ \Sigma F_y &= 0 \\ \Sigma M_O(\boldsymbol{F}) &= 0 \end{aligned}\right\} \tag{2-15}$$

式(2-15)称为平面一般力系的平衡方程,其中前两式称为投影方程,它表示力系中各力在两个坐标轴上投影的代数和分别等于零;后一式称为力矩方程,它表示力系中所有力对任一点之矩的代数和等于零。三个独立方程可以求解不超过三个未知力的平衡问题。

平面一般力系的平衡方程除了式(2-15)所示的基本形式外,还有二矩式和三矩式两种形式。

(1)二矩式

$$\left.\begin{aligned} \Sigma F_x &= 0 \\ \Sigma M_A(\boldsymbol{F}) &= 0 \\ \Sigma M_B(\boldsymbol{F}) &= 0 \end{aligned}\right\} \tag{2-16}$$

其中 A、B 两点连线不与 x 轴垂直。

(2)三矩式

$$\left.\begin{aligned} \Sigma M_A(\boldsymbol{F}) &= 0 \\ \Sigma M_B(\boldsymbol{F}) &= 0 \\ \Sigma M_C(\boldsymbol{F}) &= 0 \end{aligned}\right\} \tag{2-17}$$

其中 A、B、C 三点不共线。

四 应用

【例 2-8】　如图 2-21a）所示，已知 $F_{P1}=10\text{kN}$，$F_{P2}=20\text{kN}$，求刚架 A、B 的支座反力。

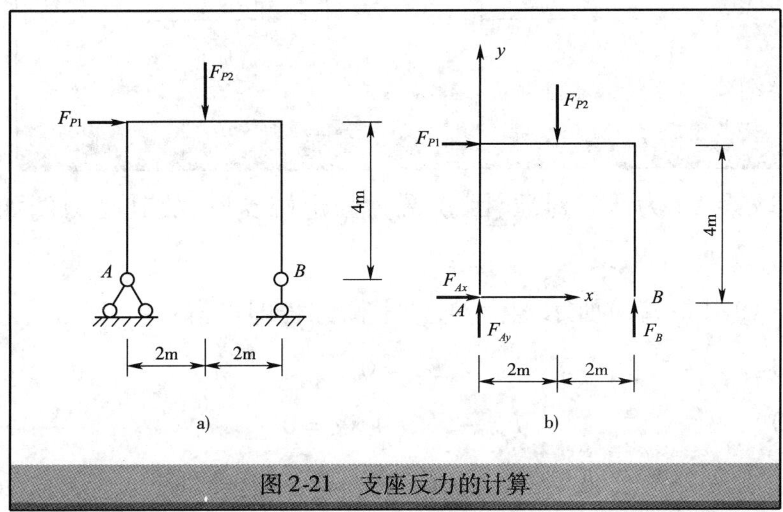

图 2-21　支座反力的计算

解：（1）以刚架 AB 作为研究对象，画受力图，因 A 端为固定铰支座，B 端为可动铰支座，故其受力图如图 2-21b）所示。

（2）建立如图 2-21b）所示坐标轴，列平衡方程求刚架 A、B 处的约束反力。

列 x 轴方向的投影方程求出未知力 F_{Ax}：

$$\sum F_x=0 \qquad F_{Ax}+F_{P1}=0$$

$$F_{Ax}=-F_{P1}=-10\text{kN}(\leftarrow)$$

因 A 点是两未知力 $\boldsymbol{F}_{Ax}$、$\boldsymbol{F}_{Ay}$ 的交点，故先列以 A 点为矩心的力矩方程可求出 F_B，即

$$\sum M_A(\boldsymbol{F})=0 \qquad -F_{P1}\times 4-F_{P2}\times 2+F_B\times 4=0$$

$$F_B=\frac{4F_{P1}+F_{P2}}{4}=\frac{4\times 10+2\times 20}{4}=20\text{kN}(\uparrow)$$

求出 F_B 后，所有未知力在 y 轴上的投影只有 F_{Ay} 一个，可通过 y 方向的投影方程求出未知力 F_{Ay}

$$\sum F_y=0 \qquad F_{Ay}+F_B-F_{P2}=0$$

$$F_{Ay}=F_{P2}-F_B=20-20=0\text{kN}$$

【例 2-9】 悬臂梁受力如图 2-22 所示，已知 $F_P=10\text{kN}$，$q=20\text{kN/m}$，试求 A 端的约束反力。

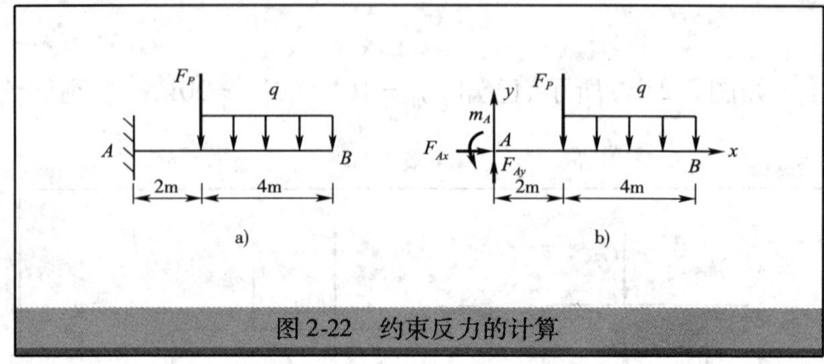

图 2-22 约束反力的计算

解：(1)取梁 AB 为研究对象，因 A 端为固定端支座，故其受力图如图 2-22b)所示。

(2)建立如图 2-22b)所示坐标轴，列平衡方程即可得：

$\Sigma F_x=0$　　　　$F_{Ax}=0$

$\Sigma F_y=0$　　　　$F_{Ay}-F_P-4\times q=0$

$$F_{Ay}=F_P+4\times q=10+4\times 20=90\text{kN}(\uparrow)$$

$\Sigma M_A(\boldsymbol{F})=0$　　　　$-F_P\times 2-q\times 4\times 4+m_A=0$

$$m_A=2F_P+16q=2\times 10+16\times 20=340\text{kN}\cdot\text{m}(\curvearrowleft)$$

【例 2-10】 如图 2-23a)所示，求支座 A 和 B 处的约束反力。

解：(1)以梁 AB 作为研究对象，画受力图，因 A 端为固定铰支座，B 端为可动铰支座，其受力图如图 2-23b)所示。

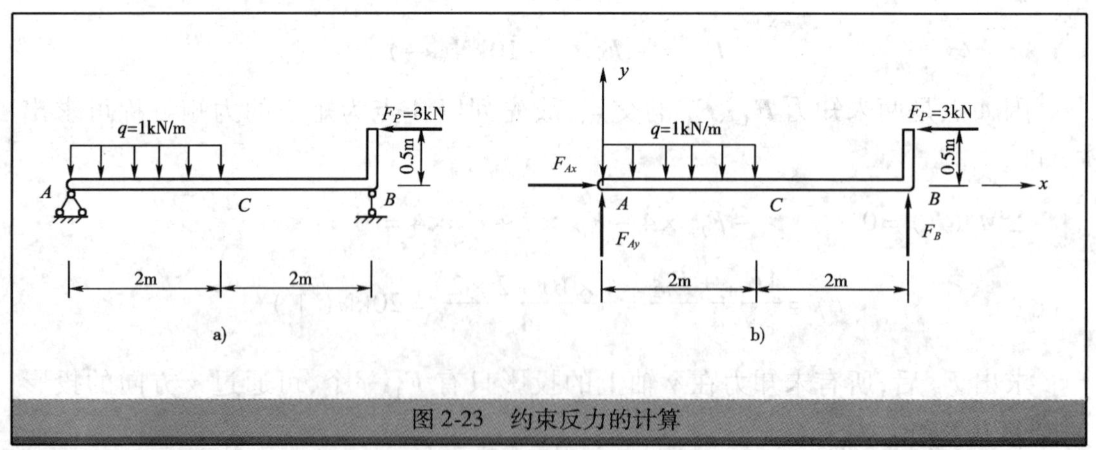

图 2-23 约束反力的计算

(2)建立如图2-23b)所示的坐标轴,列平衡方程求解梁A、B处的约束反力。

先列x方向的投影方程求出未知力F_{Ax}。

$$\sum F_x = 0 \qquad F_{Ax} - F_P = 0$$

$$F_{Ax} = F_P = 3\text{kN}(\rightarrow)$$

再列以A点为矩心的力矩方程求出F_B,即

$$\sum M_A(\boldsymbol{F}) = 0 \qquad -q \times 2 \times 1 + F_B \times 4 + F_P \times 0.5 = 0$$

$$F_B = \frac{2q - 0.5F_P}{4} = \frac{2 \times 1 - 0.5 \times 3}{4} = 0.125\text{kN}(\uparrow)$$

最后利用y方向的投影方程可求出未知力F_{Ay}。

$$\sum F_y = 0 \qquad F_{Ay} + F_B - q \times 2 = 0$$

$$F_{Ay} = q \times 2 - F_B = 2 - 0.125 = 1.875\text{kN}(\uparrow)$$

讨论:本题中如果写出对A、B两点的力矩方程和x方向的投影方程(其中A、B两点连线不与x轴垂直),同样可以求解。

$$\sum M_A(\boldsymbol{F}) = 0 \qquad -q \times 2 \times 1 + F_B \times 4 + F_P \times 0.5 = 0 \qquad F_B = 0.125\text{kN}(\uparrow)$$

$$\sum M_B(\boldsymbol{F}) = 0 \qquad -F_{Ay} \times 4 + q \times 2 \times 3 + F_P \times 0.5 = 0 \qquad F_{Ay} = 1.875\text{kN}(\uparrow)$$

$$\sum F_x = 0 \qquad F_{Ax} - F_P = 0 \qquad F_{Ax} = 3\text{kN}(\rightarrow)$$

如果写出对不共线三点A、B、D的力矩方程也可解得相同结果。

$$\sum M_A(\boldsymbol{F}) = 0 \qquad -q \times 2 \times 1 + F_B \times 4 + F_P \times 0.5 = 0 \qquad F_B = 0.125\text{kN}(\uparrow)$$

$$\sum M_B(\boldsymbol{F}) = 0 \qquad -F_{Ay} \times 4 + q \times 2 \times 3 + F_P \times 0.5 = 0 \qquad F_{Ay} = 1.875\text{kN}(\uparrow)$$

$$\sum M_D(\boldsymbol{F}) = 0 \qquad -F_{Ay} \times 4 + q \times 2 \times 3 + F_{Ax} \times 0.5 = 0 \qquad F_{Ax} = 3\text{kN}(\rightarrow)$$

从以上各例可以看出,平面一般力系平衡问题的解题步骤如下:

(1)选取研究对象。根据已知量和待求量,选择适当的研究对象。

(2)画研究对象的受力图。在研究对象上画出它所受到的全部主动力和约束反力。

(3)列平衡方程求解未知量。选取适当的平衡方程形式、投影轴和矩心。

在实际工程中应用平衡方程进行分析问题时,应根据具体情况,恰当选取矩心和投影轴。

为使计算简单,投影轴的选取应尽可能与较多的未知力的作用线垂直或平

行,矩心尽可能选在两个(或两个以上)未知力的交点上。同时,尽可能使一个平衡方程只包含一个未知量,避免求解联立方程。

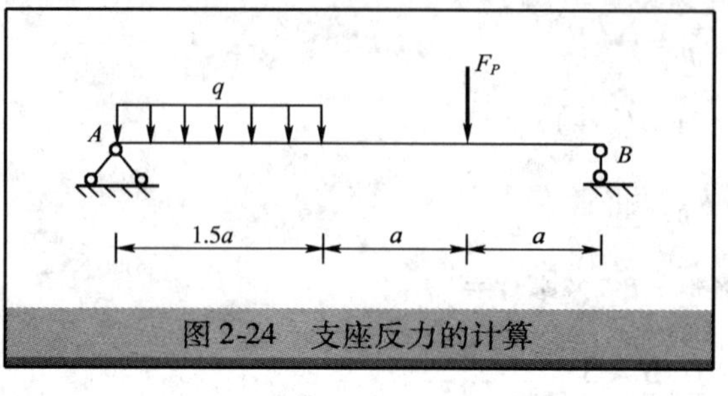

图2-24 支座反力的计算

练一练

已知 $F_P = qa$,试计算图2-24中梁 A、B 处的支座反力。

单元小结

本单元讨论了力在坐标轴上的投影、合力投影定理、力对点之矩、合力矩定理、*力偶的合成与平衡、平面汇交力系及平面一般力系的平衡方程及其应用。

1. 力的投影

$$F_x = \pm F\cos\alpha$$

$$F_y = \pm F\sin\alpha$$

2. 合力投影定理

平面汇交力系的合力在任一坐标轴上的投影,等于它的各分力在同一坐标轴上投影的代数和。

3. 力矩

$$M_O(\boldsymbol{F}) = \pm Fd$$

4. 合力矩定理

平面汇交力系的合力对其平面内任一点之矩,等于所有各分力对同一点之矩的代数和。

*5. 力偶

由两个大小相等、方向相反且不共线的平行力组成的力系,称为力偶。

力偶既不能用一个力代替，也不能与一个力平衡，它只能与另一力偶平衡。

6. 平面力系平衡方程

力系名称	平衡方程	其他形式的平衡方程	可求未知量数目
平面一般力系	$\begin{cases}\sum F_x=0\\\sum F_y=0\\\sum M_O(\boldsymbol{F})=0\end{cases}$	$\begin{cases}\sum F_x=0\\\sum M_A(\boldsymbol{F})=0\\\sum M_B(\boldsymbol{F})=0\end{cases}$（AB连线不能垂直x轴） 或 $\begin{cases}\sum M_A(\boldsymbol{F})=0\\\sum M_B(\boldsymbol{F})=0\\\sum M_C(\boldsymbol{F})=0\end{cases}$（A、B、C不共线）	3
平面汇交力系	$\begin{cases}\sum F_x=0\\\sum F_y=0\end{cases}$		2
*平面力偶系	$\sum M=0$		1

自我检测

一、填空题

1. 力垂直于某轴，力在该轴上的投影为________________。

2. 如图所示，已知 $F=200\text{kN}$，则 $\boldsymbol{F}$ 在 x 轴与 y 轴上的投影为：$F_x=$________，$F_y=$________。

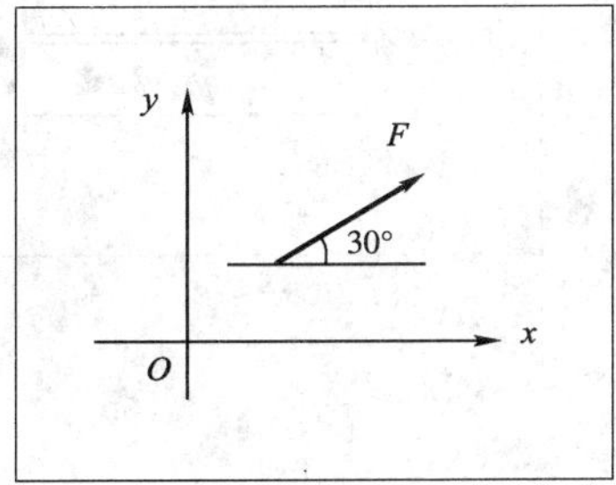

3. 平面汇交力系合成的结果是一个________。

4. 平面汇交力系的平衡方程为：$\sum F_x=0$，____。

5. $\sum F_x=0$ 表示力系中所有的力在________轴上的投影的________为零。

6. 平面汇交力系最多可求解________个未知力。

7. 力使物体绕矩心逆时针转向时，力矩的符号为________________。

8. 如图所示，$F = 2\text{kN}$，则 $\boldsymbol{F}$ 对 O 点之矩为 ________ $\text{kN}\cdot\text{m}$。

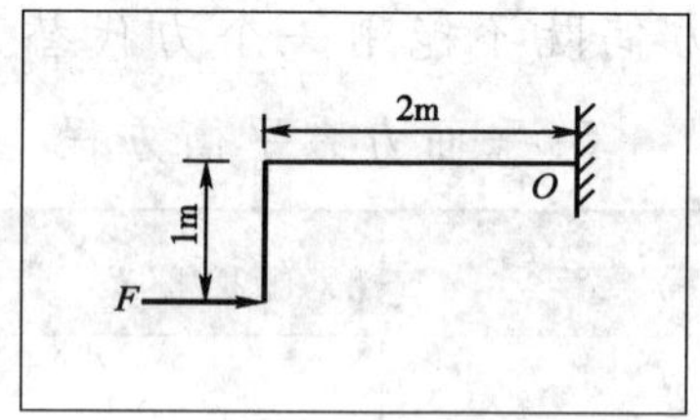

9. 力矩平衡方程 $\sum M_O(\boldsymbol{F}) = 0$ 表示力系中所有的力对 O 点之矩的代数和为________________。

10. 平面一般力系独立的平衡方程式有____个。

二、计算题

1. 如图所示，已知 $F_1 = 200\text{N}$，$F_2 = 150\text{N}$，$F_3 = 200\text{N}$，$F_4 = 250\text{N}$，试求图中每个力在 x、y 轴上的投影。

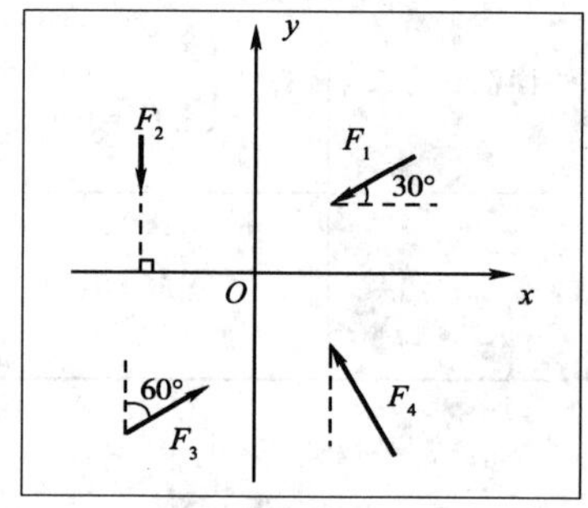

2. 如图所示，试计算各图中力 $\boldsymbol{F}$ 对 O 点的力矩。

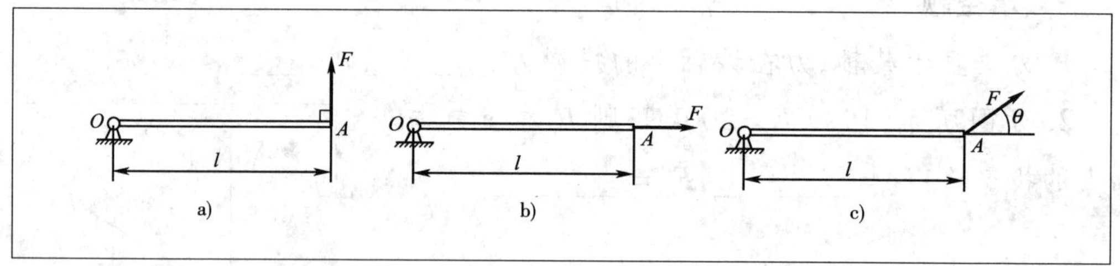

3. 计算图中力 $\boldsymbol{F}_P$ 对 O 点的力矩。

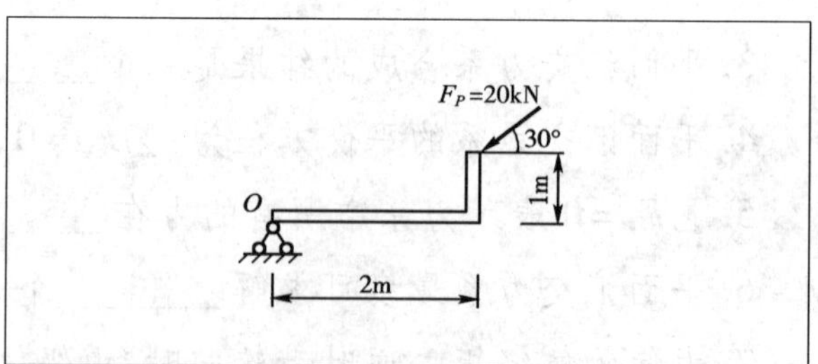

4. 已知 $F_P=100\text{kN}$，求图所示支架中 AB、BC 杆所受的力。

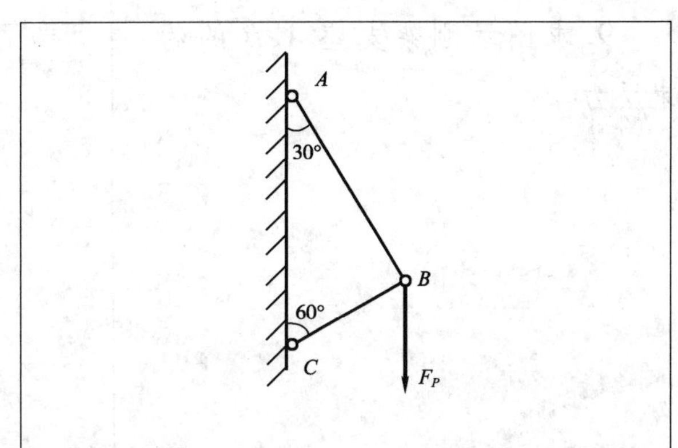

5. 不计自重，计算图中刚架的支座反力。

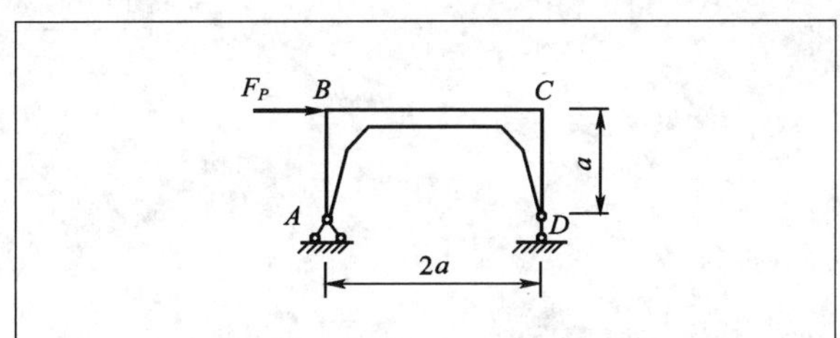

6. 求图中梁 AB 中 A、B 处的支座反力。

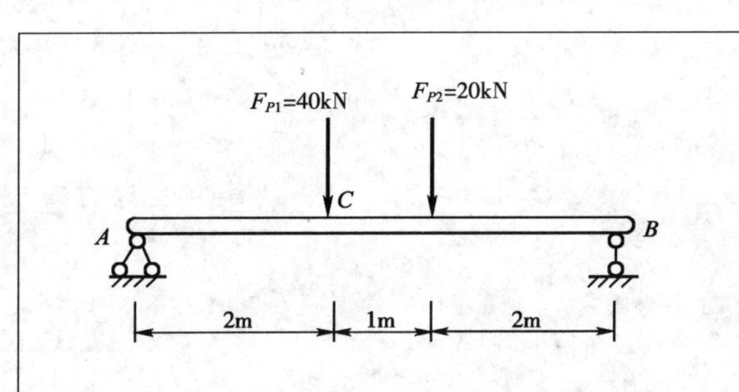

7. 求图中外伸梁 A、D 处的支座反力。

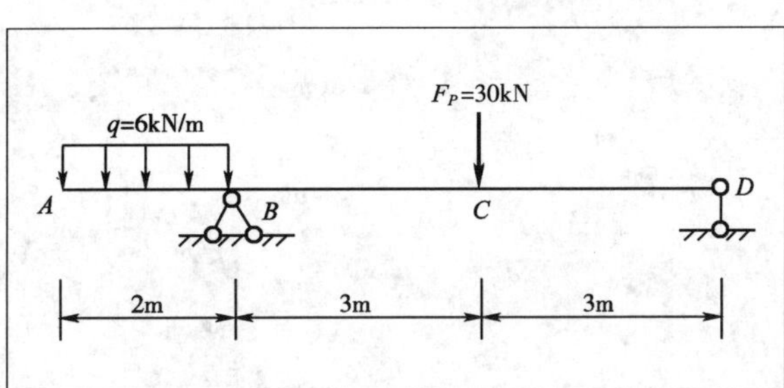

8. 悬臂梁受力如图所示，试求 A 端支座反力。

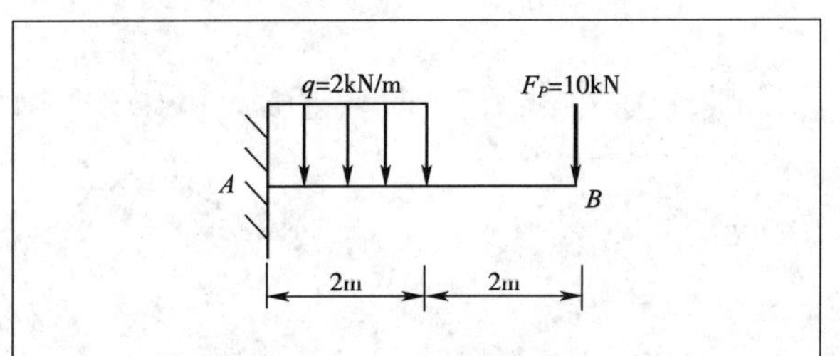

9. 求图示刚架支座 A、B 的约束反力。

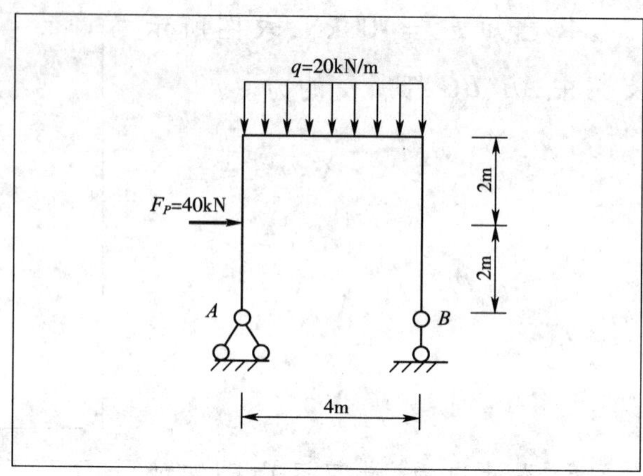

单元 3

直杆轴向拉伸和压缩

我们知道,要保证结构、构件正常安全可靠地工作,结构、构件必须具有足够的强度、刚度和稳定性。

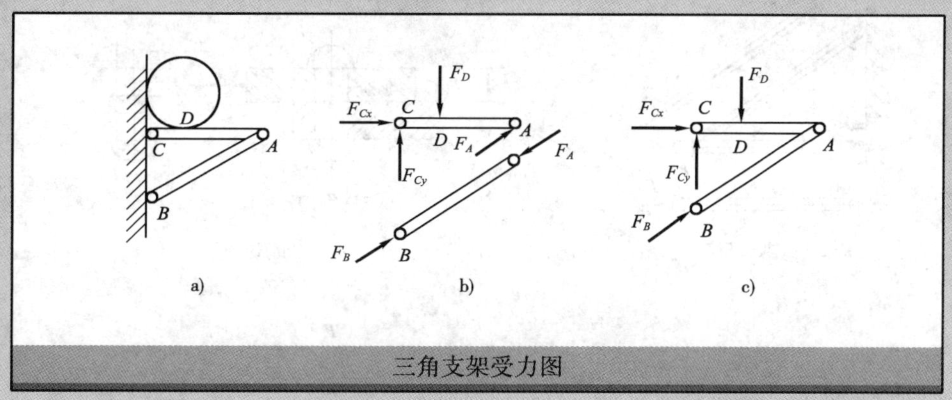

三角支架受力图

3.1 直杆四种基本变形及组合变形

杆件的基本变形有四种：轴向拉伸与压缩变形、剪切变形、扭转变形和弯曲变形。

想一想

如图 3-1 所示，物体在外力作用下会发生怎样的变形？

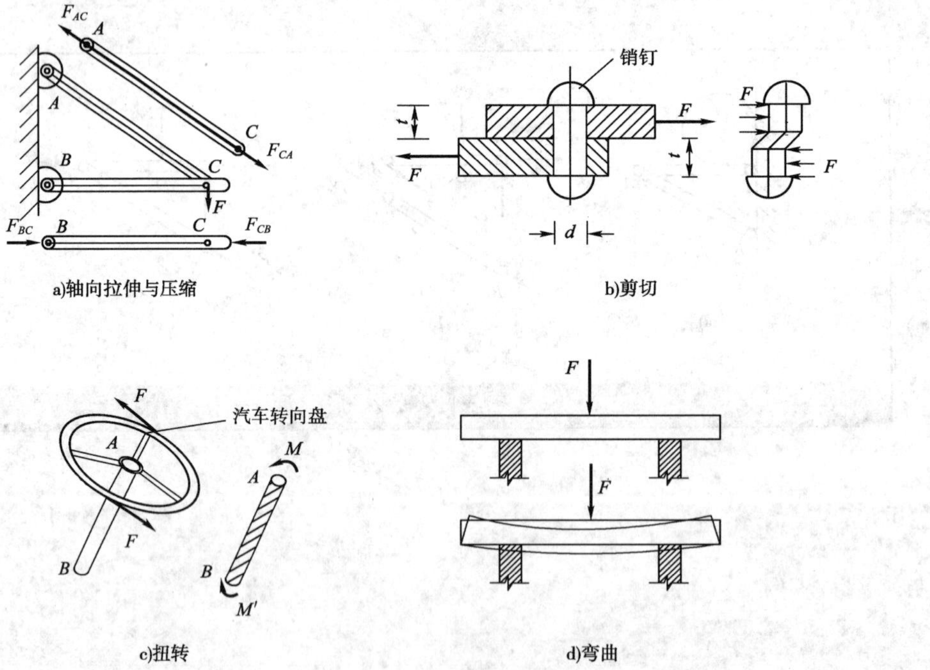

a)轴向拉伸与压缩

b)剪切

c)扭转

d)弯曲

图 3-1 基本变形形式

一 四种基本变形和组合变形

1 轴向拉伸与压缩

在工程实际中,有很多产生拉(压)变形的实例。如图 3-1a)所示,当作用在杆件上的外力或其合力的作用线沿着杆件的轴线时,杆件只发生轴线方向的伸长(杆 *AC*)或缩短(杆 *BC*)变形。这种变形形式称为轴向拉伸或压缩,简称拉伸或压缩。

轴向拉伸与压缩的变形特点:杆件沿轴向伸长或缩短。

2 剪切变形

剪切变形是工程构件常见的又一种变形形式。如图 3-1b)所示,销钉在一对相距很近、方向相反的横向外力作用下,其横截面沿外力作用方向发生错动。这种变形形式称为剪切。

剪切的变形特点:杆件的横截面发生错动。

3 扭转变形

在工程实际中,主要是机械轴承发生扭转变形。如图 3-1c)所示,汽车转向盘在外力作用下,杆轴 *AB* 在一对大小相等、转向相反,位于垂直杆轴线的两个平面内的力偶作用下,杆件的任意截面将发生绕轴线的相对转动,这种变形形式称为扭转。

扭转的变形特点:绕杆轴线横截面发生相对转动。

4 弯曲变形

如图 3-1d)所示,杆件受到垂直于杆轴的外力或通过杆轴平面内的外力偶作用时,杆件的轴线由原来的直线变为曲线,这种变形形式称为弯曲。

弯曲变形特点:杆件随轴线发生弯曲。

*5 组合变形

在实际工程中,很多杆件都是由两种或两种以上的基本变形组合而成的变形,我们将其称为组合变形,如图 3-2 所示。

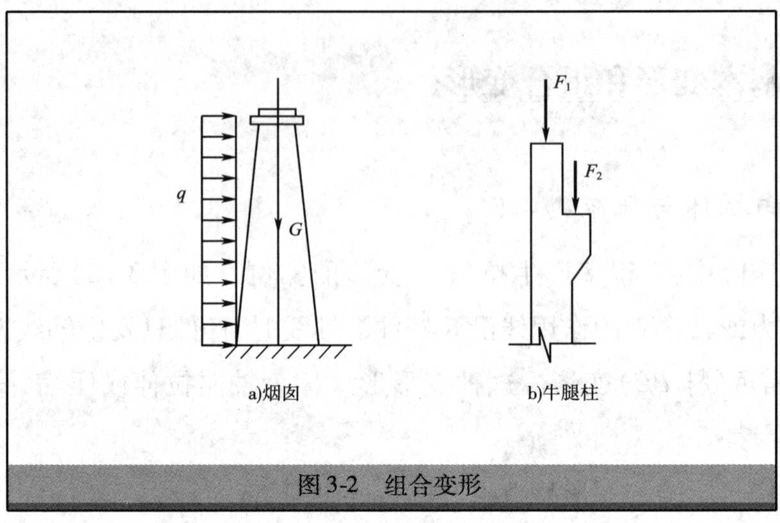

图 3-2 组合变形

二 变形固体及其基本假设

理想变形固体材料的基本假设有:连续均匀假设,各向同性假设,小变形假设。

1 变形固体的概念

变形固体是指在外力作用下,形状和尺寸都会发生改变的固体。

2 理想变形固体材料的基本假设

(1)连续均匀性假设。假设组成变形固体的物质不留空隙地均匀地充满了固体的体积,且各处的力学性能都相同。

(2)各向同性假设。假设变形固体在各个方向上的力学性能都是相同的。

(3)小变形假设。假设变形固体在承受荷载作用时,其变形远小于构件尺寸。这样在计算某个量值而使用外形尺寸时,就可忽略变形量的影响,按构件的原始尺寸进行计算。

练一练

在图 3-2 中,各杆件发生的组合变形分别是由哪些基本变形的叠加?

3.2 轴向拉、压杆横截面上的内力

杆件任一截面的轴力,在数值上等于该截面一侧原有轴向外力的代数和。外力方向与假定轴力 $\boldsymbol{F}_N$ 方向相反时取正值,反之取负值。可用 $F_N = \sum F$ 求得。

一 内力及其计算方法

想一想

在生活中,当我们用手拉长一根橡皮条时,会感到橡皮条内有一种反抗拉长的力。假如的手拉的力加大,橡皮条会怎么样?

学一学

1 内力的概念

变形体在外力的作用下发生变形,其由于变形而在变形体内部新产生的相互作用力,称为内力。内力是由外力引起的,内力的大小随外力的变化而变化。因此,对内力进行正确的分析是解决构件承载能力问题的基础。

2 截面法

为了确定内力,将构件用假想截面截开,应用平衡原理计算内力的方法称为截面法。

截面法是内力计算的基本方法,计算步骤可归纳为:截取、代替、平衡。

截取：用一个假想截面将构件截开，任取其中的一部分作为研究对象。

代替：用内力代替构件另一部分对研究对象的作用。

平衡：用静力平衡条件求出未知内力。

需要指出的是，截面上的内力是分布在整个截面上的，利用截面法求出的内力是这些分布内力的合力。

二 轴向拉(压)杆的内力——轴力

由于轴向拉压杆件的外力沿轴向作用，内力必然也沿轴线作用，故称为轴力。

轴力符号的规定：产生拉伸变形的轴力为正，产生压缩变形的轴力为负。轴力可用 $\boldsymbol{F}_N$ 表示。

【例 3-1】 杆件受力如图 3-3a)所示。已知 $F_1 = 4\text{kN}, F_2 = 6\text{kN}, F_3 = 2\text{kN}$，求杆件 AB 和 BC 段的轴力。

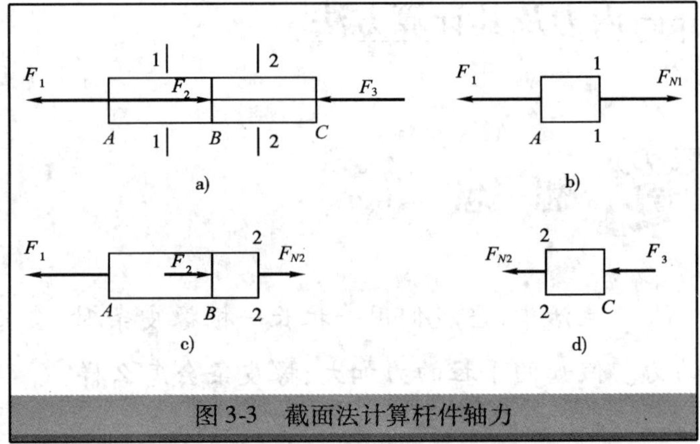

图 3-3 截面法计算杆件轴力

解：(1)求 AB 段的轴力。

截取：用 1-1 截面在 AB 段内将杆件截开，取左段为研究对象。

代替：以 $\boldsymbol{F}_{N1}$ 代替截面的轴力，并假定为拉力。

平衡：由 $\sum F_x = 0$

即 $F_{N1} - F_1 = 0$

得 $F_{N1} = F_P = 4\text{kN}$(拉力)

(2)求 BC 段的轴力。

截取：用2-2 截面在 BC 段内将杆件截开，取左段为研究对象，如图 3-3c)所示。

代替：以 $\boldsymbol{F}_{N2}$ 代替截面的轴力，并假定为拉力。

平衡：由 $\sum F_x = 0$

即 $F_{N2} - F_1 + F_2 = 0$

得 $F_{N2} = F_1 - F_2 = 4 - 6 = -2\text{kN}$(压力)

如取右端为研究对象,如图3-3d)所示。

由　　　　　　　$\sum F_x = 0$

即　　　　　　　$-F_{N2} - F_3 = 0$

得　　　　　　　$F_{N2} = -F_3 = -2\text{kN}$(压力)

根据上例,在计算轴力时应注意以下几点:

(1)通常选取受力简单的部分为研究对象,以简化计算。

(2)计算杆件某一段轴力时,不能在外力作用点处截开。

(3)通常先假设截面上的轴力为正,若计算结果为正时,说明轴力为拉力;若计算结果为负,说明轴力为压力。

从例3-1的运算过程中,可得出以下结论:

杆件任一截面的轴力,在数值上等于该截面一侧原有轴向外力的代数和。其中,外力方向与假定轴力 $\boldsymbol{F}_N$ 方向相反时取正值,反之取负值。可用 $F_N = \sum F$ 求得。

在例3-1中,可用:

$$F_{N1} = \sum F = F_1 = 4\text{kN}(\text{拉力})$$

$$F_{N2} = F_1 - F_2 = 4 - 6 = -2\text{kN}(\text{压力}) \text{或} F_{N2} = \sum F = -F_3 = -2\text{kN}(\text{压力})$$

三 轴力图

为了形象地反映轴力沿杆轴线的变化情况,通常用图形来表示,这种图形称为轴力图。

轴力图的绘制方法:以平行于杆轴线的坐标 x 表示杆横截面的位置,以垂直于杆轴线的坐标(竖标)F_N 表示轴力画在坐标图上,并连以直线,将正的轴力画在 x 轴上方,负的轴力画在 x 轴下方。在轴力图上应标明轴力的大小、单位和正负号。轴力图可以形象地表示轴力沿杆长的变化,方便地找到杆件的最大轴力及其所在截面。

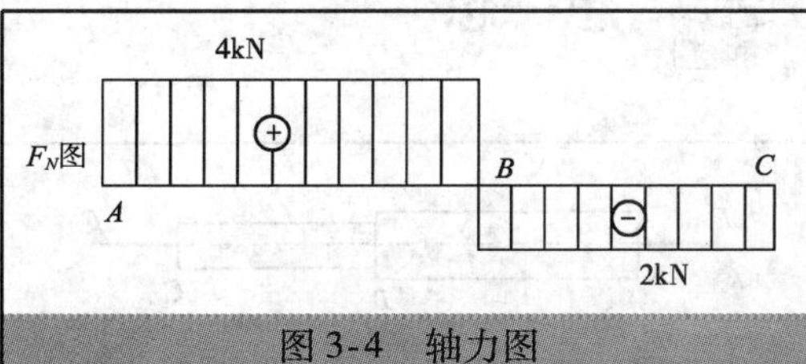

图3-4　轴力图

【例3-2】 试绘制例3-1的轴力图。

解:(1)计算杆件各段的轴力,利用例3-1的结果:$F_{NAB} = F_{N1} = 4\text{kN}$(拉力);$F_{NBC} = F_{N2} = -2\text{kN}$(压力)。

(2)绘制轴力图。根据所求轴力绘制轴力图,如图3-4所示。

想一想

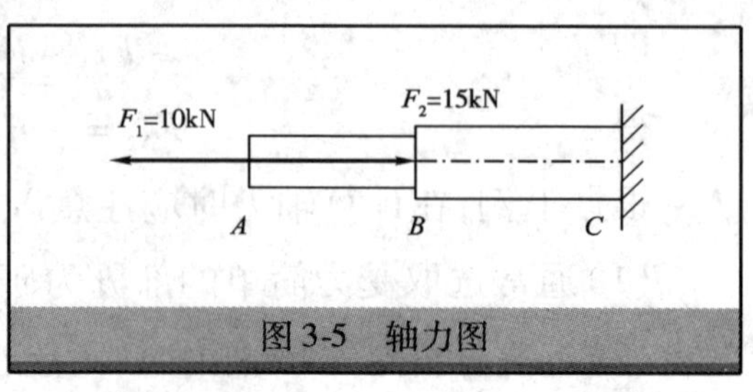

图 3-5　轴力图

如图 3-5 所示,若轴向拉(压)杆一端固定(一端外力由反力提供),为了省去反力计算,应如何选取研究对象?

练一练

试计算图 3-5 中杆件 AB 段和 BC 段的轴力,并画出轴力图。

3.3 轴向拉、压杆横截面的正应力

求出杆件轴力后,要解决强度问题还需要进一步研究横截面上的应力。

一 应力的概念

想一想

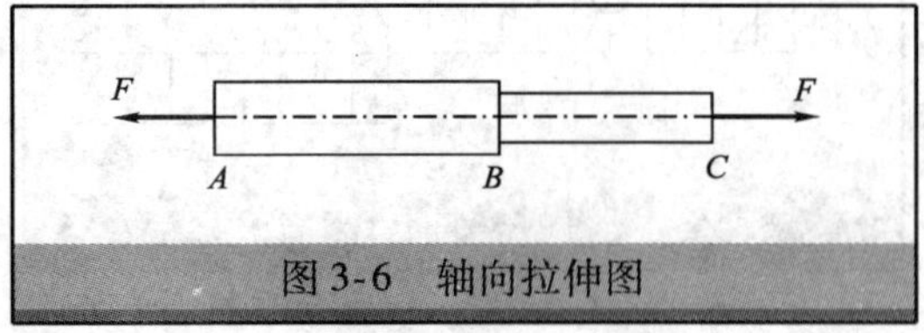

图 3-6　轴向拉伸图

如图 3-6 所示,AB 杆的横截面比 BC 杆横截面大,两者材料相同。当作用在杆轴向的拉力 **F** 逐渐增加时,哪段杆先被拉断?为什么?

在对图 3-6 进行分析时，我们很快就能得出结论，即 BC 段将先被拉断。这是因为 BC 段横截面小些，其实质是内力在横截面 BC 段上的分布密集程度段比 AB 段大些。截面上内力分布的密集程度简称为集度。

如图 3-7a）所示，受力构件 $m-m$ 截面上，围绕 K 点取微小面积 ΔA，若作用在该面积 ΔA 上的内力为 $\boldsymbol{\Delta F_P}$，当 ΔA 趋于无穷小时，则 $\boldsymbol{\Delta F_P}$ 与 ΔA 的比值称为截面上 K 点处的应力，用 $\boldsymbol{p}$ 表示。

内力在截面上某一点处的集度称为应力，它反映了内力在横截面上各个极小区域的密集程度。通常将应力分解成垂直于截面的法向分量 $\boldsymbol{\sigma}$ 和与截面平行的切向分量 $\boldsymbol{\tau}$［如图 3-7b）］。$\boldsymbol{\sigma}$ 称为 K 点处的正应力，$\boldsymbol{\tau}$ 称为 K 点处的剪应力。

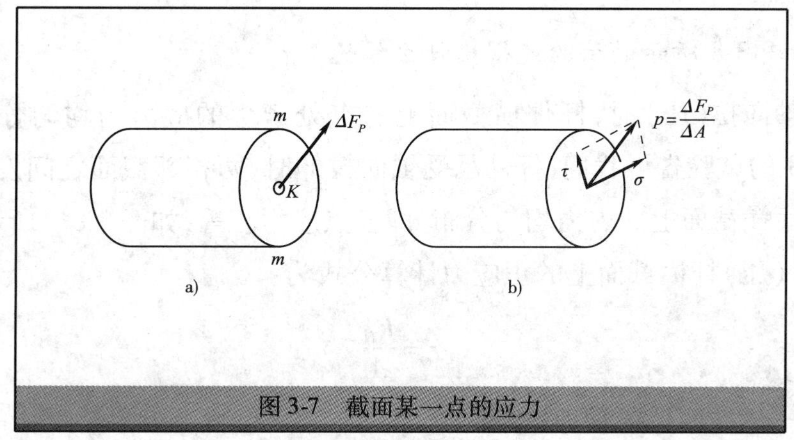

图 3-7 截面某一点的应力

应力的单位是"帕斯卡"，简称为"帕（Pa）"，$1\text{Pa}=1\text{N/m}^2$。工程实际中，常采用千帕（kPa），兆帕（MPa），吉帕（GPa），它们的关系是：$1\text{kPa}=10^3\text{Pa}$；$1\text{MPa}=10^6\text{Pa}$；$1\text{GPa}=10^9\text{Pa}$。

二 轴向拉（压）时横截面上的正应力

看一看

取一直杆（如橡胶杆）［图 3-8a）］，在其侧面任意画两条垂直于杆轴线的横向线 ab 和 cd，拉伸后观察横向线 ab、cd 发生了哪些变化？

我们发现，拉伸后杆件被拉长了，横截面变小了，且 ab、cd 位置发生了平移，但仍为直线且垂直于杆轴线，如图 3-8b）所示。

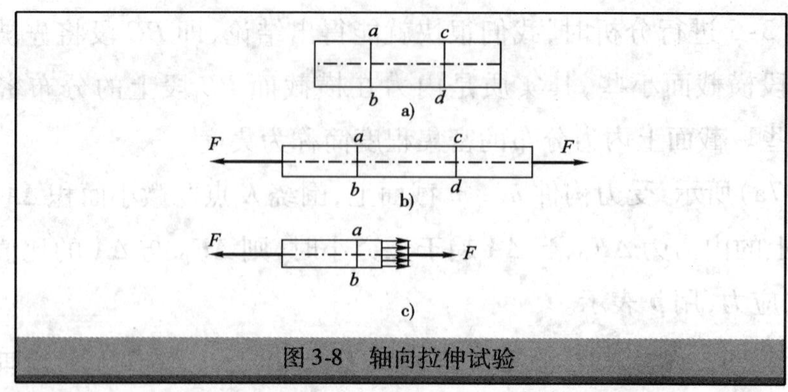

图 3-8 轴向拉伸试验

想一想

我们由图 3-8 所示的试验能得出什么结论呢?

结论:轴向拉(压)时,杆件横截面上各点处产生的应力为均匀分布的正应力,如图 3-8 的试验告诉我们,杆件承受轴向拉伸时,两相邻截面之间发生了相同的变形,因而横截面上的内力均匀分布,即各点应力相等,如图 3-8c)所示。

轴向拉(压)杆横截面上的正应力计算公式为:

$$\sigma = \frac{F_N}{A} \tag{3-1}$$

式中:F_N——横截面上的轴力;

A——横截面面积。

$\boldsymbol{\sigma}$ 的符号规定:拉应力为正,压应力为负。

【例 3-3】 在例 3-1 中(图 3-3),若杆件横截面是边长为 50mm 的正方形,则杆件 AB 和 BC 段的应力是多少?

解:由例 3-1 可知:

AB 段轴力 $F_{N1} = 4\text{kN}$(拉力)

BC 段轴力 $F_{N2} = -2\text{kN}$(压力)

且 $A = 50 \times 50 = 2500\text{mm}^2$

故 AB 段的正应力 $\sigma_1 = \frac{F_{N1}}{A} = \frac{4 \times 10^3}{2.5 \times 10^{-3}} = 1.6 \times 10^6\text{Pa} = 1.6\text{MPa}$(拉应力)

BC 段的正应力 $\sigma_2 = \frac{F_{N2}}{A} = \frac{-2 \times 10^3}{2.5 \times 10^{-3}} = -8 \times 10^5\text{Pa} = -0.8\text{MPa}$(压应力)

*3.4 轴向拉 、压杆的变形

杆受轴向力作用时,沿杆轴方向会产生伸长(或缩短),称为纵向平行;同时,杆的横向尺寸将减小(或增大),称为横向变形。

一 弹性变形、塑性变形的概念

在生活中,大家都有吹气球的经历。一个新气球,你轻轻吹一下,气球马上鼓起来,然后马上停吹后松掉,气球会怎样?假如你把气球吹大以后,用根绳子系紧,过一夜,第二天把气放掉,气球能否回复原状。

如图3-9a)所示,橡胶棒 AB 在力 $\boldsymbol{F}$ 作用下将发生怎样的变形?当作用力 $\boldsymbol{F}$ 较小时,消除外力 $\boldsymbol{F}$,橡胶棒能恢复原来的形状吗?若将 $\boldsymbol{F}$ 逐渐增大,增大到一定程度,消除外力后,橡胶棒是否一定能恢复原来的形状?

如图3-9a)所示,橡胶棒受到力 $\boldsymbol{F}$ 作用时,将被拉长,杆件长度的改变量为:

$$\Delta l = l_1 - l$$

我们把杆件长度的改变量 Δl 称为线变形(或绝对变形)。

弹性变形:当外力 $\boldsymbol{F}$ 超过一定范围,外力消除后,橡胶棒的变形将恢复到原来的几何形状。这种物体在外力消除后能恢复受力前原来的几何形状的变形,称为弹性变形[图3-9b)]。

塑性变形：当外力 $\boldsymbol{F}$ 超过一定范围后，尽管外力消除，但橡胶棒的变形不能恢复到原来的几何形状，而存在"剩余"变形。这种物体在外力消除后不能恢复受力前原来的几何形状的变形，称为塑性变形。

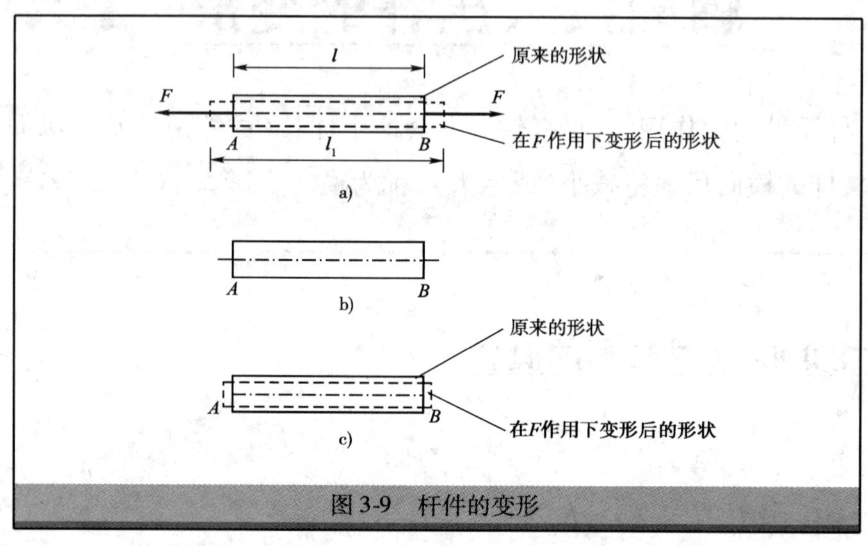

图3-9 杆件的变形

做一做

请同学们利用课余时间找一根橡皮筋，先用尺子量其长度，用手将橡皮筋拉长，然后消除外力，再用尺子量其长度，先用较小的力拉长，再一步步逐渐加大拉力，认真体会一下弹性变形与塑性变形。

二 胡克定律

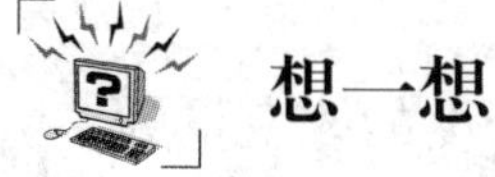

想一想

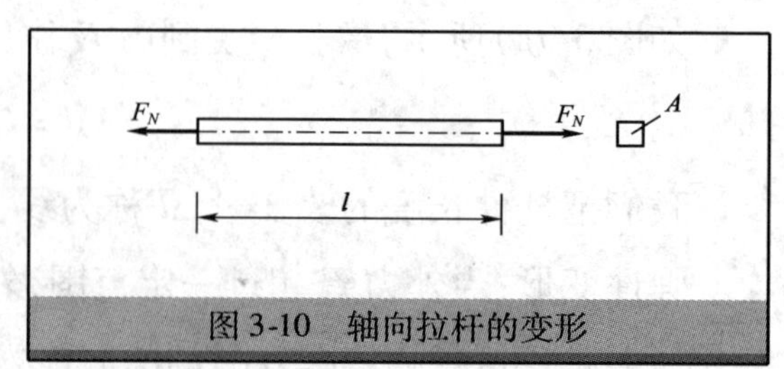

图3-10 轴向拉杆的变形

如图3-10所示，轴向拉(压)杆的线变形 Δl 与轴力 $\boldsymbol{F}_N$、杆长 l 和横截面面积有何关系？轴向拉(压)杆的变形

Δl 与构成构件的材料有关吗？轴向拉(压)杆在什么情况下 $\Delta l > 0$(或 $\Delta l < 0$)？

学一学

试验表明，对大部分各向同性材料，当正应力不超过某一范围时，Δl 与轴力 $\boldsymbol{F}_N$ 和杆长 l 成正比，与横截面面积 A 成反比，即

$$\Delta l = \frac{F_N l}{EA} \tag{3-2}$$

式(3-2)为胡克定律的数学表达式。E 称为材料的拉(压)弹性模量，它与材料的性质有关，是衡量材料抵抗变形能力的一个指标。各种材料的 E 值由试验测定，其单位与应力的单位相同。工程上常用材料的弹性模量见表3-1。

工程上常用材料的弹性模量 E 表3-1

材料名称	E(GPa)
碳素钢	200~210
合金钢	185~205
花岗石	49
混凝土	14.6~36
木材(顺纹)	10~12
铝合金	70

EA 称为杆件的抗拉(压)刚度，反映杆件抵抗拉(压)变形的能力。

式(3-2)可改写为：

$$\frac{\Delta l}{l} = \frac{1}{E} \cdot \frac{F_N}{A}$$

令

$$\varepsilon = \frac{\Delta l}{l} \tag{3-3}$$

ε 为线应变，表示拉(压)杆单位长度的伸长量，正负号规定以拉伸为正，压缩为负。

因

$$\sigma = \frac{F_N}{A}$$

可得

$$\sigma = E\varepsilon \tag{3-4}$$

式(3-4)是胡克定律的又一表达式,即当应力在弹性范围内,应力与应变成正比。

三 剪切胡克定律

一点处单元体(微小的立方体)的直角的改变量(如图 3-11),称为这一点的剪应变,用 γ 表示。

线应变 ε 和剪应变 γ 是度量构件内一点变形程度的两个基本量,他们都是无量纲的量。γ 的单位通常使用 rad(弧度)。

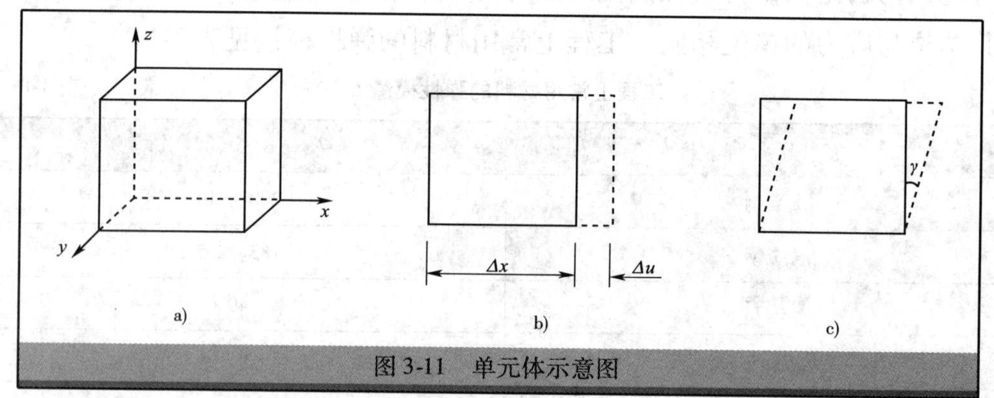

图 3-11 单元体示意图

大量实验表明,对于大多数各向同性材料,当初应力小于一定数值时,即在弹性范围内加载时,切应力 τ 与其相应的切应变 γ 成正比。即:

$$\tau = G\gamma$$

上式称为剪切胡克定律,式中的比例系数 G 称为切变模量。它是材料的又一力学性质。对同一材料,切变模量 G 为常数,其单位与应力的相同。

阅读材料

1 低碳钢在拉伸时的力学性能

如图 3-12a)所示,将低碳钢试件装上万能试验机后,缓慢加载,直至拉断,试验机的绘图系统可自动绘出试件在试验过程中工作段的变形 Δl 和拉力 F_N 之间

土木工程力学基础(少学时)

的关系曲线图。将拉力 F_N 除以试件的 A,用应力 $\sigma=\frac{F_N}{A}$ 表示;将横坐标 Δl 除以原标距 l,这样得到的曲线称为应力－应变图或 $\sigma-\varepsilon$ 曲线,如图 3-12b)所示。

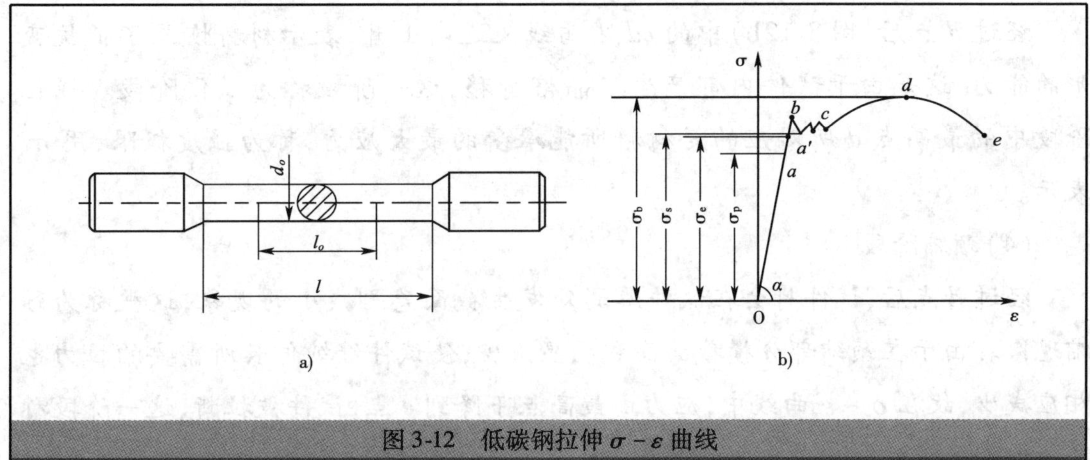

图 3-12　低碳钢拉伸 $\sigma-\varepsilon$ 曲线

低碳钢拉伸试验有四个阶段,即弹性阶段、屈服阶段、强化阶段和颈缩阶段。

(1)弹性阶段(oa 段)

在试件拉伸的初始阶段,oa 段为直线,它表明应力 $\boldsymbol{\sigma}$ 与应变 ε 成正比。

直线的斜率为:

$$\tan\alpha=\frac{\sigma}{\varepsilon}=E$$

所以有:

$$\sigma=E\varepsilon$$

这就是在3.4 节中所述的胡克定律,式中 E 为弹性模量,是材料的刚度性能指标。

直线 oa 的最高点 a 所对应的应力,称为比例极限,用 $\boldsymbol{\sigma}_p$ 表示。胡克定律的适应条件是应力不超过比例极限 $\boldsymbol{\sigma}_p$。即只有应力低于比例极限,胡克定律才能适用。弹性阶段的最高点 a′所对应的应力是材料保持弹性变形的极限点,称为弹性极限,用 $\boldsymbol{\sigma}_e$ 表示。此时,在 aa'段已不再保持直线,但如果在 a'点卸载,试件的变形仍将会完全消失。由于 a、a'两点非常接近,所以工程上对弹性极限和比例极限并不严格区分。

(2)屈服阶段(bc 段)

当应力超过弹性极限时,$\sigma-\varepsilon$ 曲线上将出现一个近似水平的锯齿形线段[图 3-12b)]中的 bc 段,这表明:应力在此阶段基本保持不变,而应变却明显增加。此阶段称为屈服阶段,对应的强度称为屈服强度,用 $\boldsymbol{\sigma}_s$ 表示。当材料屈服时,将产生显著的塑性变形。通常,在工程中是不允许构件在塑性变形的情况下工作的,所以屈服阶段 $\boldsymbol{\sigma}_s$ 是衡量材料强度的重要指标。

(3)强化阶段(*cd* 段)

经过 *d* 点后,图 3-12b)中的 *cd* 段曲线又逐渐上升,表示材料恢复了抵抗变形的能力,这是由于试件内部产生了晶格滑移,这一阶段称为强化阶段。强化阶段中的最高点 *d* 所对应的是材料所能承受的最大应力,称为强度极限,用 $\boldsymbol{\sigma}_b$ 表示。

(4)颈缩阶段

经过 *d* 点后,试件将会在试件薄弱处发生截面急剧减小的现象,这被称为颈缩现象。由于在颈缩部分横截面面积明显减少,使试件继续伸长所需要的拉力也相应减少,故在 $\sigma-\varepsilon$ 曲线中,应力由最高点下降到 *e* 点,试件被拉断,这一阶段称为颈缩阶段。

上述拉伸过程中,材料经历了弹性变形、屈服、强化和颈缩四个阶段。对应前三个阶段的三个特征点,其相应的应力值依次为比例极限 $\boldsymbol{\sigma}_p$、屈服强度 $\boldsymbol{\sigma}_s$ 和强度极限 $\boldsymbol{\sigma}_b$。对低碳钢来说,屈服强度和强度极限是衡量材料强度的主要指标。

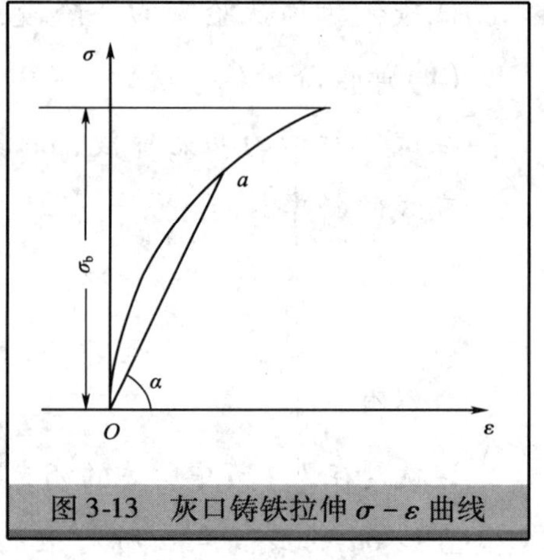

图 3-13 灰口铸铁拉伸 $\sigma-\varepsilon$ 曲线

如图 3-13 所示为灰口铸铁拉伸的 $\sigma-\varepsilon$ 曲线,可以看出,从开始受拉到断裂,它没有明显的直线部分(图 3-13 中实线)。一般可将该曲线近似地视为直线(图 3-13 中 *oa* 段),即认为胡克定律在此范围内仍然适用。

灰口铸铁没有屈服阶段和颈缩阶段,断裂是突然发生的,断口平整。强度极限 $\boldsymbol{\sigma}_b$ 是衡量铸铁强度的唯一指标。

2 材料压缩试验

在试验机上做压缩试验时,考虑到试件可能被压弯,金属材料选用短粗圆柱试件,其高度为 1.5~3 倍。低碳钢压缩时的 $\sigma-\varepsilon$ 曲线如图 3-14 所示。将其与拉伸时的 $\sigma-\varepsilon$ 曲线[图 3-12b)中 *oc* 段]比较,可以看出,在弹性阶段和屈服阶段,拉、压的 $\sigma-\varepsilon$ 曲线基本重合。这表明,拉伸和压缩时,低碳钢的比例极限、屈服点应力及弹性模量大致相同。与拉伸试验不同的是,当试件上压力不断增大,试件的横截面积也不断增大,试件愈压愈扁而不破裂,故不能测出它的抗压强度极限。

灰口铸铁压缩时的曲线 $\sigma-\varepsilon$ 如图 3-15 实线所示。与其拉伸时的 $\sigma-\varepsilon$ 曲线(图 3-15 中虚线)相比,抗压强度极限 σ_{bc} 远高于抗拉强度极限 σ_b(3 ~4 倍)。灰口铸铁试件压缩时的破裂断口与轴线约成 45°倾角,这是因为受压试件在 45°方向的截面上存在最大剪应力,铸铁材料的抗剪能力比抗压能力差,当达到剪切极限应力时首先在 45°截面上被剪断。

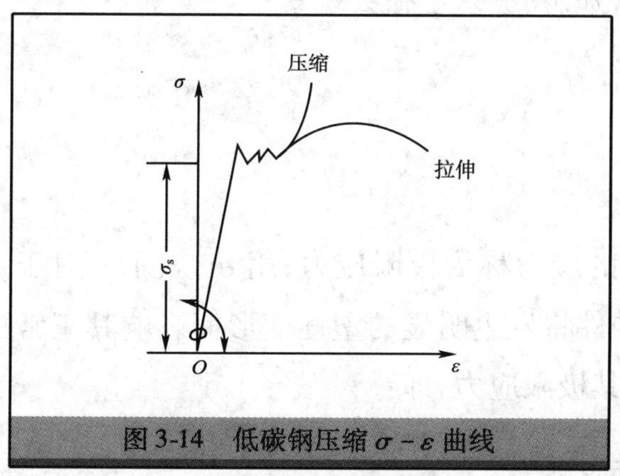

图 3-14 低碳钢压缩 $\sigma-\varepsilon$ 曲线

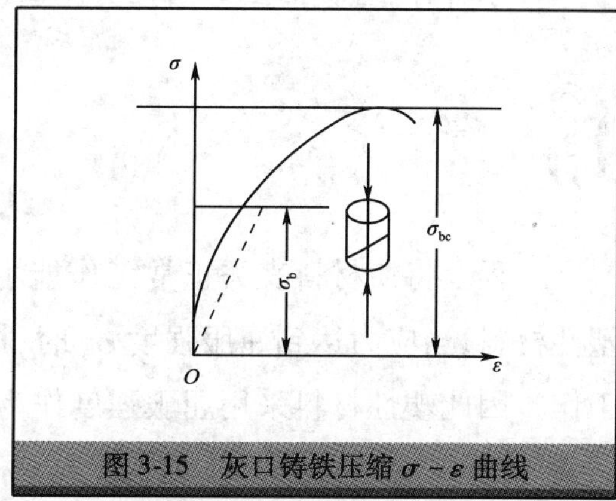

图 3-15 灰口铸铁压缩 $\sigma-\varepsilon$ 曲线

工程中通常将力学性能类似于低碳钢的材料称为塑性材料,这类材料拉断时具有明显的塑性变形,如合金钢、铜、铝等;将力学性能类似于铸铁的材料称为脆性材料,这类材料拉断时塑性变形很小,如石料、砖、混凝土等。脆性材料作受压构件较为经济。

3.5 轴向拉、压杆的强度计算

轴向拉压杆的强度计算包括强度校核、截面设计和确定许可荷载,计算的目的是为了确定构件安全,同时又要经济合理。

一 许用应力与安全系数

想一想

对于杆件,当截面上的正应力不断增加时,会发生什么现象?

学一学

工程上将使材料丧失正常工作能力的应力称为极限应力,用 $\boldsymbol{\sigma}^0$ 表示。对于塑性材料,当应力达到屈服强度 $\boldsymbol{\sigma}_s$ 时,构件将发生明显的塑性变形而影响其正常工作。因此塑性材料采用屈服强度作为其极限应力,即:

$$\boldsymbol{\sigma}^0 = \boldsymbol{\sigma}_s$$

脆性材料直到拉断时也无明显的塑性变形,故用材料的强度极限 $\boldsymbol{\sigma}_b$ 作为极限应力,即:

$$\boldsymbol{\sigma}^0 = \boldsymbol{\sigma}_b$$

构件在荷载作用下产生的应力称为工作应力。而危险截面上的应力称为最大工作应力。

为了保证构件有足够的强度,应使构件的工作应力小于材料的极限应力,并使构件留有足够的强度储备。因此,一般将极限应力除以一个大于 1 的安全因数 n,作为强度设计时的最大许可值称为许用应力,用[$\boldsymbol{\sigma}$]表示,即:

$$[\sigma] = \frac{\sigma^0}{n}$$

塑性材料 $$[\sigma] = \frac{\sigma_s}{n_s} \tag{3-5}$$

脆性材料 $$[\sigma] = \frac{\sigma_b}{n_b} \tag{3-6}$$

式(3-5)、式(3-6)中 n_s、n_b 分别为对应的屈服强度和强度极限的安全因数。各种材料在不同工作条件下的安全因数和许用应力值,可从有关规定或设计手册中查到。在常温静载时,一般杆件的安全因数为:$n_s = 1.5 \sim 2.5$,$n_b = 2.0 \sim 3.5$。

想一想

安全因数的选取和许用应力的确定,与构件的安全、经济两个方面存在怎样的关系?在实际工作中,应如何处理它们之间的矛盾?

二 轴向拉压杆的正应力强度条件

想一想

在工程实际中,对于轴向拉压杆,怎样保证构件安全可靠地工作呢?

学一学

其实,只要使构件的最大工作应力不超过材料的许用应力就能保证构件的安全可靠,即满足轴向拉(压)杆的强度要求。

轴向拉(压)杆件的强度条件为:

$$\sigma_{max} = \frac{F_{N\max}}{A} \leqslant [\sigma] \tag{3-7}$$

式中:σ_{max}——最大工作应力;

$F_{N\max}$——构件横截面的最大轴力;

A——构件的横截面面积;

$[\sigma]$——构件的许用应力。

想一想

对于变截面直杆,进行强度计算时应注意哪些问题?

*三 强度条件的应用

根据强度条件,可解决工程实际中有关结构和构件强度的三类问题。

1 强度校核

已知轴向拉压杆的截面尺寸、许用应力和所受外力,通过比较工作应力与许用应力的大小,可校核构件是否安全。构件应满足:

$$\sigma_{max}=\frac{F_{Nmax}}{A}\leqslant[\sigma] \tag{3-8}$$

2 截面设计

已知构件承受的荷载及所用材料,可确定构件的截面尺寸,即:

$$A\geqslant\frac{F_{Nmax}}{[\sigma]} \tag{3-9}$$

3 确定许用荷载

已知构件的材料和尺寸,根据强度条件,可确定构件能承受的最大荷载,即:

$$F_{Nmax}\leqslant A[\sigma] \tag{3-10}$$

然后根据受力情况,确定许用荷载$[\boldsymbol{F}]$。

【例3-4】 某室外装饰采用活动吊脚手架,脚手架使用过程中的最大荷载为4kN,现准备用一根直径为35mm的白棕绳悬吊,已知白棕绳的许用应力$[\sigma]=10\text{MPa}$,试对白棕绳进行强度校核。

解:白棕绳所受最大正应力为:

$$\sigma_{max}=\frac{F_{Nmax}}{A}=\frac{4000}{\pi d^2/4}=\frac{4000}{0.25\times3.14\times35^2}=4.16\text{MPa}\leqslant[\sigma]=10\text{MPa}$$

经校核,白棕绳满足强度要求。

练一练

在例 3-4 中,该白棕绳允许承受的最大荷载是多少?该吊脚手架允许选择白棕绳的最小直径为多少?

【例 3-5】 如图 3-16a) 所示,三铰支架的 AC 杆为圆钢杆,其许用应力 $[\sigma_{AC}]=160\text{MPa}$;$F=90\text{kN}$。试求 AC 杆的直径 d。

解:取节点 C 为研究对象,受力分析如图 3-16b) 所示:

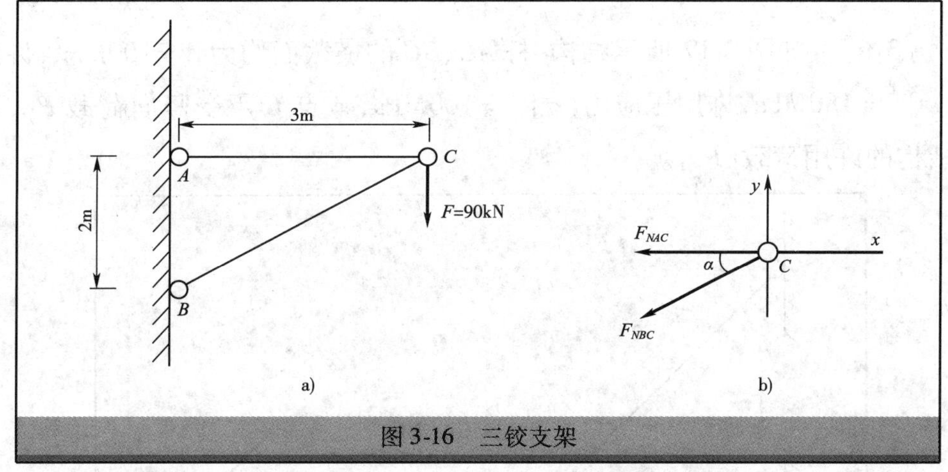

图 3-16 三铰支架

$$\sum F_y=0$$

$$-F_{NBC}\sin\alpha-F=0$$

$$F_{NBC}=-\frac{F}{\sin\alpha}=-\frac{90}{\frac{2}{\sqrt{2^2+3^2}}}\approx-162.25\text{kN}(\text{压力})$$

$$\sum F_z=0$$

$$-F_{NAC}-F_{NBC}\cos\alpha=0$$

$$F_{NAC}=-F_{NBC}\cos\alpha=-(-162.25)\times\frac{3}{\sqrt{2^2+3^2}}=135\text{kN}(\text{拉力})$$

单元 3 直杆轴向拉伸和压缩

由 $$A=\frac{\pi d^2}{4}\geqslant\frac{F_{NAC}}{[\sigma_{AC}]}$$

得 $$d\geqslant\sqrt{\frac{4F_{NAC}}{\pi[\sigma_{AC}]}}=\sqrt{\frac{4\times135\times10^3}{\pi\times160}}\approx32.8\text{mm}$$

故取 AC 杆直径 d 约为 33mm。

练一练

在例 3-5 中，若 BC 杆的许用压应力为 $[\sigma_{BC}]=180\text{MPa}$，截面为正方形，试设计 BC 杆的截面尺寸。

【例 3-6】　如图 3-17 所示结构，杆 AC、BC 的横截面均为 $A=100\text{mm}^2$，许用拉应力 $[\sigma]^+=180\text{MPa}$，许用压应力 $[\sigma]^-=100\text{MPa}$，节点 C 承受竖向荷载 $\boldsymbol{F}_P$，试计算该结构的许用荷载 $[F_P]$。

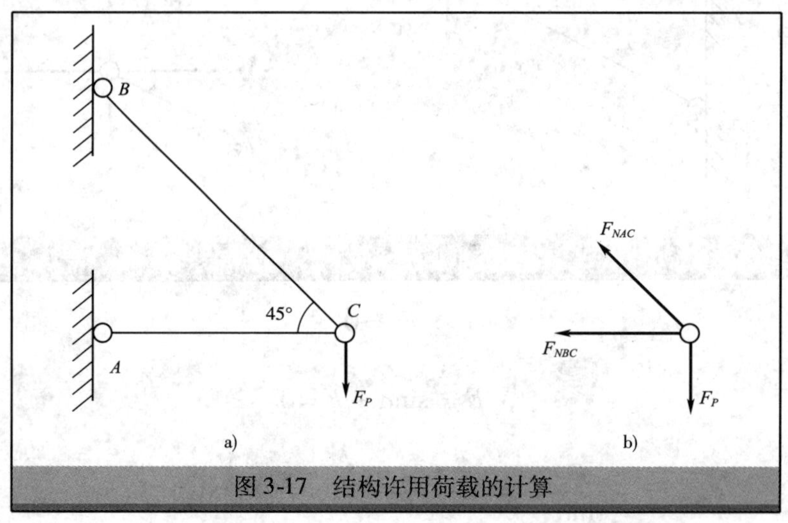

图 3-17　结构许用荷载的计算

解：(1)取节点 C 为研究对象，受力分析如图 3-17b)所示。

$\sum F_y=0$ $$F_{NAC}\sin45°-F_P=0$$

$$F_{NAC}=\sqrt{2}F_P\text{（拉力）}$$

$\sum F_x=0$ $$-F_{NBC}-F_{NAC}\cos45°=0$$

$$F_{NBC}=-F_P\text{（压力）}$$

(2)计算$[F_P]$。

由 AC 杆的强度条件可得:$F_{NAC}=\sqrt{2}F_P\leqslant A[\sigma]^+$

$$F_P\leqslant\frac{A[\sigma]^+}{\sqrt{2}}=\frac{100\times180}{\sqrt{2}}\approx1.27\times10^4\text{N}$$

由 BC 杆的强度条件可得:

$$F_P\leqslant A[\sigma]^-=100\times100=1\times10^4\text{N}$$

可见,该结构的许用荷载为:

$$[F_P]=1\times10^4\text{N}$$

想一想

在例 3-6 中,为什么不能取$[F_P]=1.27\times10^4$N?

练一练

在例 3-6 中,若要求$[F_P]=1.27\times10^4$N,BC 杆横截面积应增加至多少?

3.6 轴向拉、压杆在工程中的应用

轴向拉、压杆在工程中的应用非常广泛。选择拉、压杆的关键在于解决安全与经济这对矛盾,力争在确保安全的前提下做到经济合理。下面我们运用直杆轴向拉伸与压缩的知识,对工程中的一些结构、构件进行分析。

一 吊顶吊杆

吊顶在装饰工程中应用非常广泛,大面积吊顶通常由悬吊龙骨和装饰顶棚组成(图 3-18)。

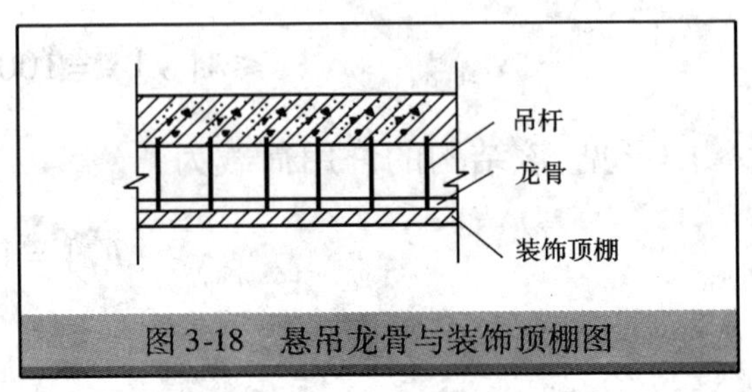

图 3-18　悬吊龙骨与装饰顶棚图

在选择吊杆时,除考虑龙骨的刚度、稳定性外,应重点考虑吊杆需承受的轴向拉力,即吊顶系统的总荷载,既要根据强度条件及吊杆的材料选择吊杆的数量和吊杆的粗细,同时还应考虑吊杆在荷载作用下的变形,从而确保吊顶的安全和顶棚的平整度。

二 三铰支架

工程中经常用到三铰支架支承各种构件。图 3-19a)所示为支承消防钢管的三铰支架原理图。图 3-19b)和图 3-19c)是杆 *AB*、*BC* 和三铰支架系统的受力分析图。通过分析可知,*AB* 杆为轴向压杆,在对 *AB* 杆进行设计时,我们应先计算 $F_A=F_B$ 的大小,再根据变形要求选择合理的材料和截面尺寸,以确保支架的安全。

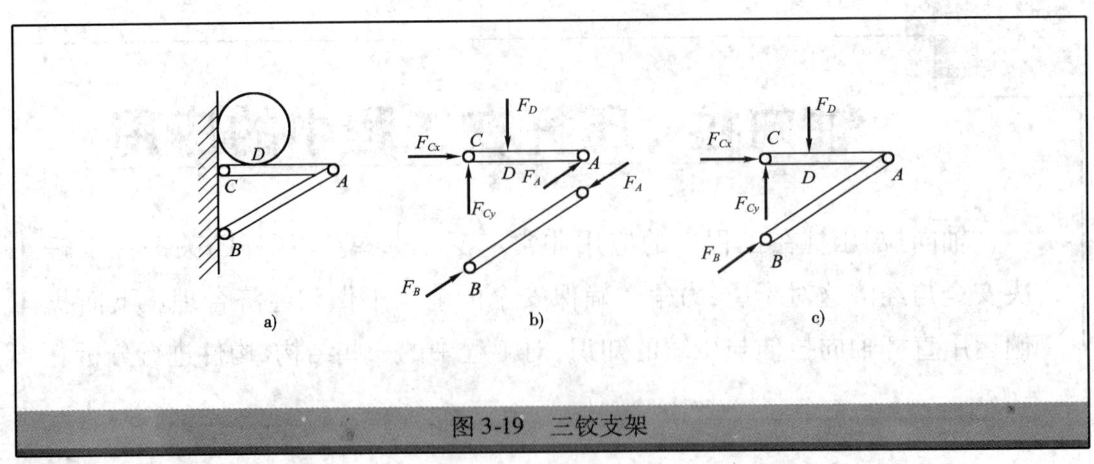

图 3-19　三铰支架

三 拉杆在桥梁中的应用

图3-20、图3-21是利用吊杆、拉索承受桥梁荷载的典型实例。它们的共同特点是依靠拉杆(拉索)承受桥板和桥板上的荷载,并将荷载传给其他构件。

图3-20 拱桥中吊杆的应用

图3-21 斜拉桥中拉索的应用

找一找

(1)观察我们学校的建筑,找一找有哪些构件利用了轴向拉压杆。

(2)到学校附近工地见习、参观,分析轴向拉压杆在施工机械和工程中的应用。

(3)观察学校周围有无利用拉杆承重的桥梁,利用课外时间进行参观,也可上网查找此类工程。

单元小结

1. 知识结构

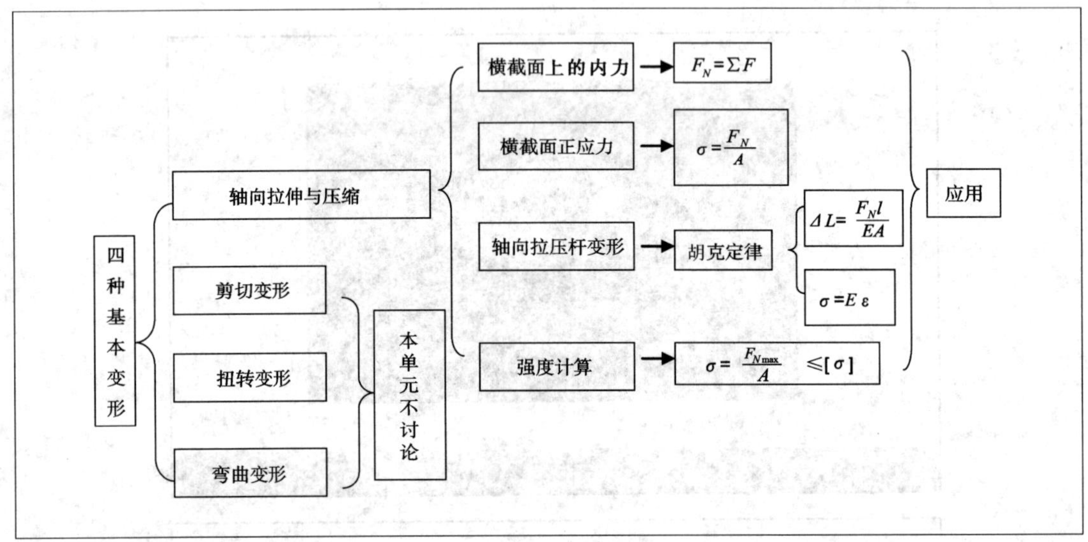

2. 知识小结

工程中常见的基本变形有四种:轴向拉伸与压缩、剪切变形、扭转变形和弯曲变形。组合变形是两种或两种以上基本变形的叠加。内力计算的基本方法是截面法,轴力图能形象地表示轴力沿杆轴线的变化情况。应力是内力在横截面上分布的集度。轴向拉压杆的强度计算包括强度校核、截面设计和确定许可荷载,计算的目的是为了确定构件安全,同时又要经济合理。直杆轴向拉伸与压缩知识的最终学习目的是对各类工程中的相关结构和构件进行定量或定性分析。

自我检测

一、填空题

1. 工程中常见的基本变形有______、______、______和______四种。

2. ________是内力计算的基本方法,计算步骤可归纳为________、________、______。

3. 在国际单位制中，应力的单位是帕(Pa)，1Pa = ____N/m^2，1MPa = ____Pa，1GPa = ____Pa。

4. 构件在外力作用下，单位面积上的______称为应力，用符号______表示；应力的正负号规定与轴力______，拉应力为______，压应力为______。

二、选择题

1. 变截面杆 AC 如图所示。设 $\boldsymbol{F}_{NAB}$、$\boldsymbol{F}_{NBC}$ 分别表示 AB 段和 BC 段的轴力，$\boldsymbol{\sigma}_{AB}$ 和 $\boldsymbol{\sigma}_{BC}$ 分别表示 AB 段和 BC 段的应力，则下列结论正确的是(　　)。

A. $F_{NAB} = F_{NBC}$，$\sigma_{AB} = \sigma_{BC}$

B. $F_{NAB} > F_{NBC}$，$\sigma_{AB} > \sigma_{BC}$

C. $F_{NAB} = F_{NBC}$，$\sigma_{AB} > \sigma_{BC}$

D. $F_{NAB} = F_{NBC}$，$\sigma_{AB} < \sigma_{BC}$

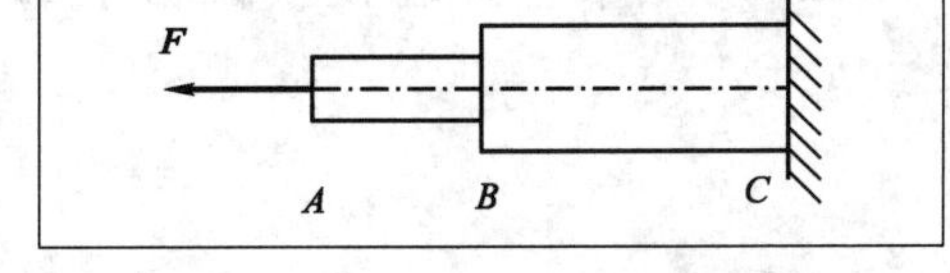

2. 如图所示的铰接结构，由 5 根杆件组成，这 5 根杆件的受力情况是(　　)。

A. 全部是拉杆

B. 5 是压杆，其余是拉杆

C. 全部是压杆

D. 5 是拉杆，其余是压杆

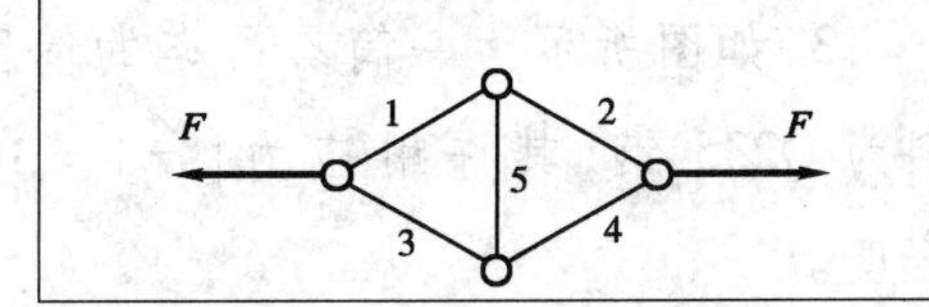

3. 拉(压)杆应力公式 $\boldsymbol{\sigma} = \frac{F_N}{A}$ 的应用条件是(　　)。

A. 应力在比例极限内

B. 外力合力作用线必须沿着杆的轴线

C. 应力在屈服极限内

D. 构件必须为矩形截面

三、简答题

1. 四种基本变形的受力特点和变形特点如何？

2. 两根横截面面积不相同的拉杆，受到相同的轴向拉力，它们的内力和应力是否相等？若不相等，哪一个大，哪一个小？

四、计算题

1. 试求图中杆1-1、2-2截面的轴力，并作出内力图。

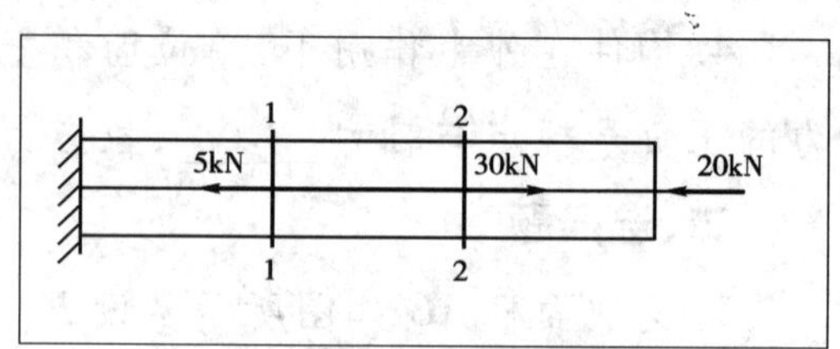

2. 如图所示杆件中，*AB* 段横截面面积 $A_1 = 800\text{mm}^2$，*BC* 段横截面积 $A_2 = 400\text{mm}^2$。试求杆件各段横截面上的正应力。

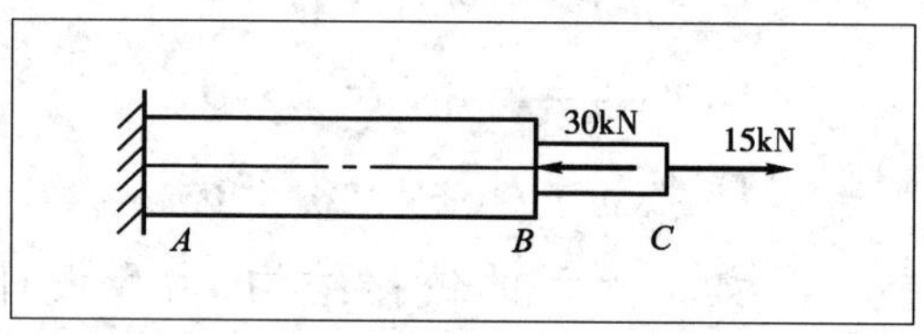

3. 如图所示为一简易吊车的简图，斜杆 *AC* 为直径 $d = 20\text{mm}$ 的圆形钢杆，材料为Q235钢，其许用应力 $[\sigma] = 160\text{MPa}$，荷载 $F = 20\text{kN}$。试校核斜杆 *AC* 的强度。

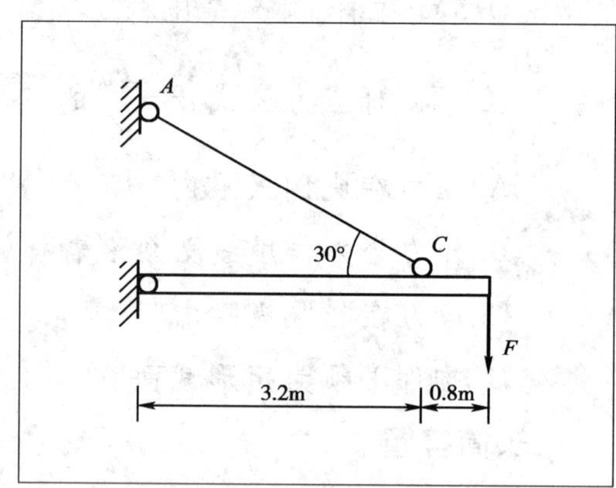

单元 4

直梁弯曲

弯曲变形是土木工程中最常见的一种基本变形。工程上将以弯曲变形为主要变形形式的杆件称为梁。本单元主要介绍等截面直梁的平面弯曲。

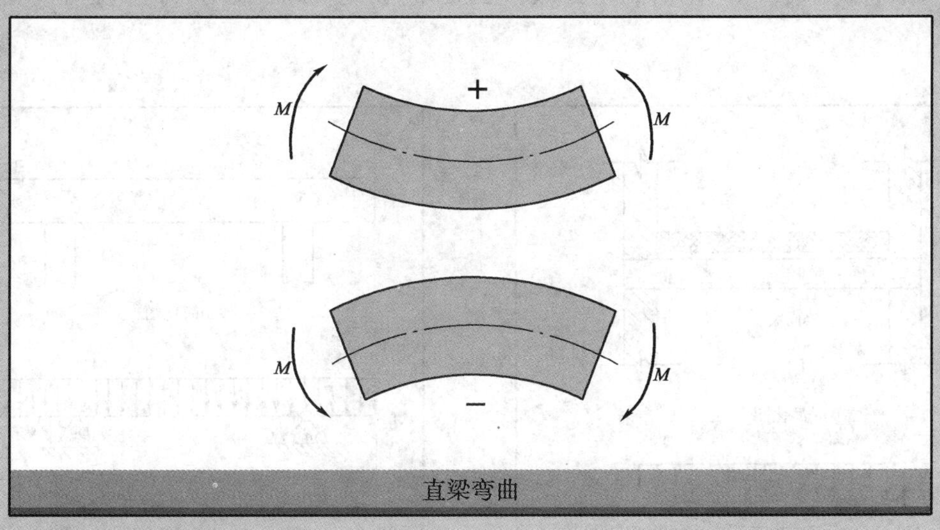

直梁弯曲

4.1 梁的形式

梁是以受弯曲变形为主的构件。根据支座类型分,单跨梁可分为:简支梁、悬臂梁和外伸梁三种形式。

一 弯曲变形

想一想

如图 4-1 ~ 图 4-3 所示,简支梁、盖梁和管道的托架分别产生了怎样的变形。

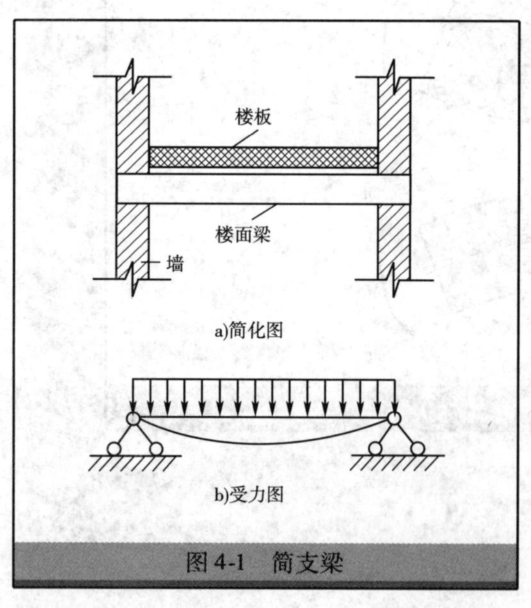

图 4-1 简支梁

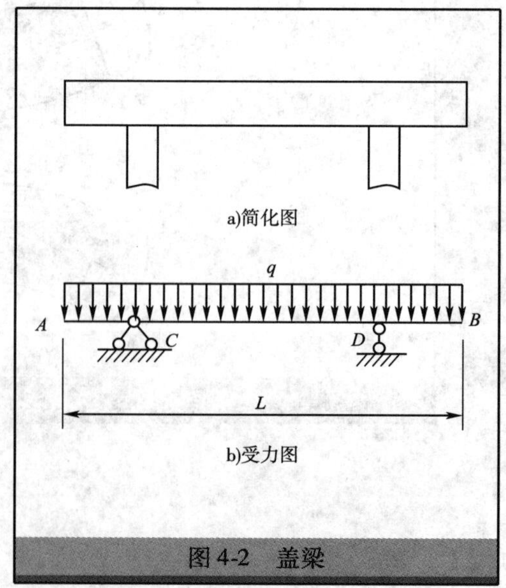

图 4-2 盖梁

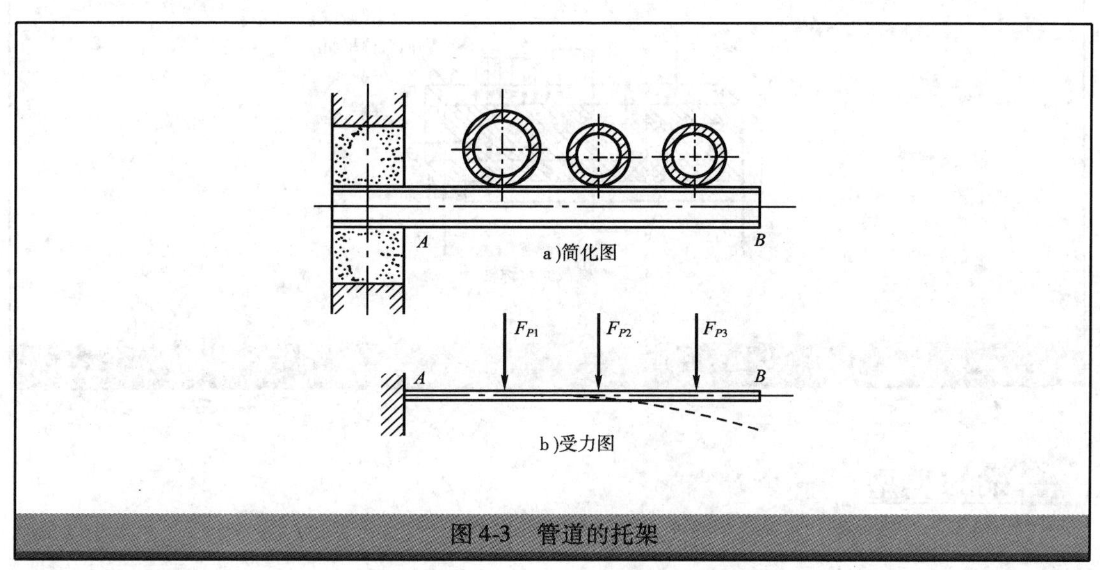

图 4-3 管道的托架

学一学

弯曲变形是工程中最常见的一种基本变形。图 4-1 ~ 图 4-3 都是工程中弯曲变形的实例。

由以上实例可见,当杆件受到垂直于杆轴的外力或杆轴所在平面内受到外力偶作用时,杆的轴线将由直线变为曲线,这种变形称为弯曲变形。

二 平面弯曲

1 纵向对称平面

工程中常见的梁,其横截面往往有一根对称轴,如图 4-4 所示。这根对称轴与梁轴所确定的平面称为纵向对称平面。

2 平面弯曲

如果作用在梁上的外力(包括荷载和支座反力)和外力偶都位于纵向对称平面内,且外力垂直于梁的轴线,则梁变形时,其轴线在此平面内弯曲成一条平面曲线,这种弯曲称为平面弯曲。

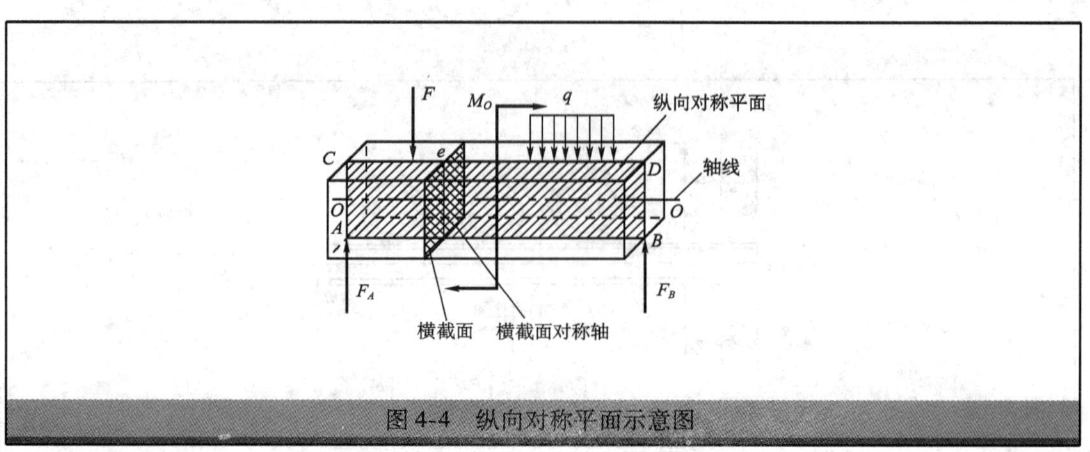

图 4-4 纵向对称平面示意图

三 梁的类型

想一想

房屋建筑中的楼面梁、阳台的挑梁，可将其所受的约束分别看成哪种支座，判断它们分别属于哪种类型的梁。

学一学

工程中，对于单跨静定梁，按其支座情况可分为以下三种基本类型：

（1）简支梁：梁的一端为固定铰支座，另一端为可动铰支座，如图 4-5a）所示。

（2）外伸梁：其支座形式与简支梁相同，但梁的一端或两端伸出支座之外，如图4-5b）所示。

（3）悬臂梁：梁的一端固定，另一端自由，如图 4-5c）所示。

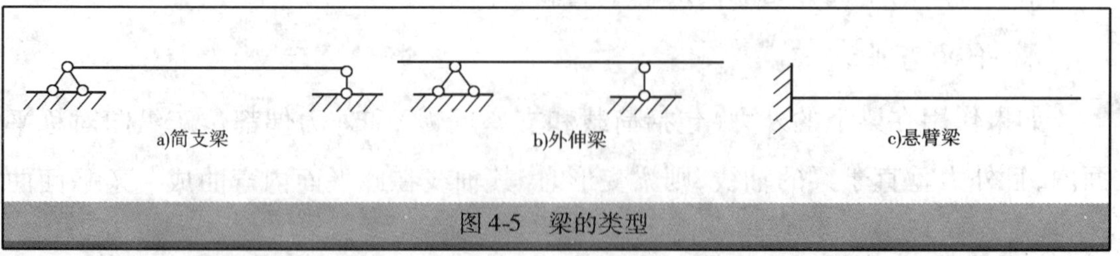

图 4-5 梁的类型

4.2 梁的内力

梁受到外力作用后,各个横截面上将产生内力。为了计算梁的强度和刚度,在确定梁上的外力并求得梁的支座反力之后,就必须计算其内力。

一 剪力和弯矩

学一学

1 剪力和弯矩的概念

如图4-6a)所示,欲求简支梁任一截面 m-m 上的内力。假想将梁沿 m-m 截面分为两段,现取左段为研究对象。由图4-6b)可见,因有支座反力 $\boldsymbol{F}_A$ 作用,为使左段满足 $\sum F_y=0$,截面 m-m 上必然有与 $\boldsymbol{F}_A$ 等值、平行且反向的内力 $\boldsymbol{F}_Q$ 存在,这个

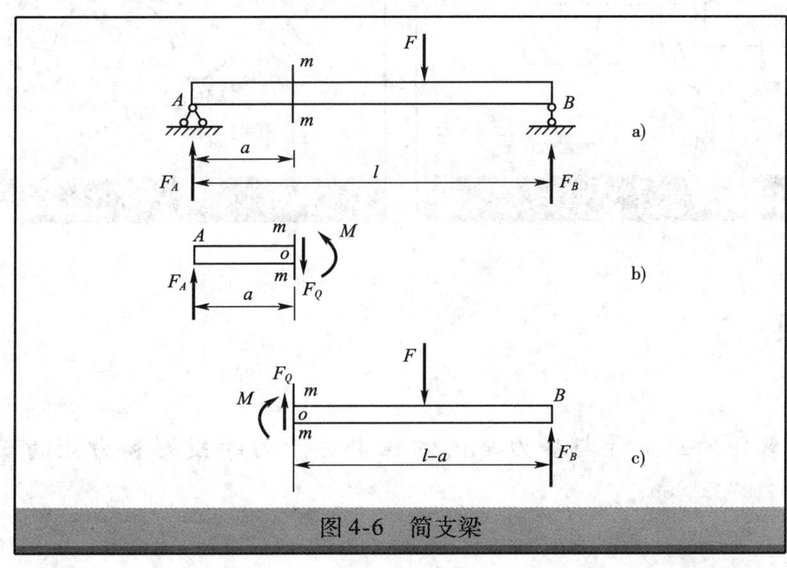

图4-6 简支梁

内力 $\boldsymbol{F}_Q$ 称为剪力。同时,因 $\boldsymbol{F}_A$ 对截面 m-m 的形心 O 点有一个力矩 $F_A a$ 的作用,为满足 $\sum M_O=0$,截面 m-m 上也必然有一个与力矩 $F_A a$ 大小相等且转向相反的内力偶矩 $\boldsymbol{M}$ 存在,这个内力偶矩 $\boldsymbol{M}$ 称为弯矩,如图 4-6c)所示。由此可见,梁发生弯曲时,横截面上同时存在着两个内力,即剪力和弯矩。

剪力的常用单位为 N 或 kN,弯矩的常用单位为 N·m 或 kN·m。

2 剪力和弯矩的正、负号规定

由于同一截面上的内力在左段梁和右段梁上的方向相反,为了使从左、右两段梁求得同一截面上的剪力 $\boldsymbol{F}_Q$ 和弯矩 $\boldsymbol{M}$ 具有相同的正负号,同时考虑到工程上的习惯要求,对剪力和弯矩的正负号如下规定:

(1)剪力的正负号。使梁段有顺时针转动趋势的剪力为正,如图 4-7a)所示;反之为负,如图 4-7b)所示。

(2)弯矩的正负号。使梁段产生下侧受拉的弯矩为正,如图 4-8a)所示;反之为负,如图 4-8b)所示。

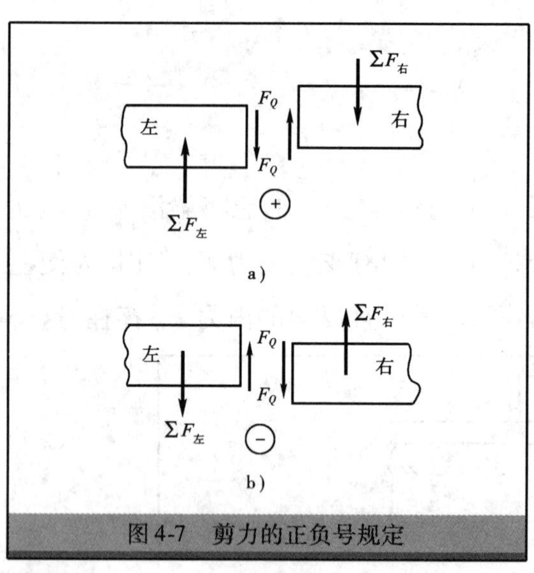

图 4-7 剪力的正负号规定

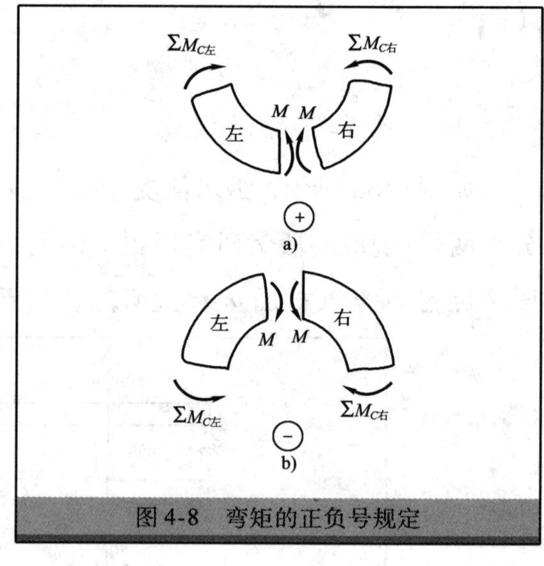

图 4-8 弯矩的正负号规定

想一想

剪力和弯矩的正负号与静力平衡方程中关于力的投影和力矩的正负规定有何区别?

*二 用截面法计算指定截面上的剪力和弯矩

学一学

用截面法计算指定截面上的剪力和弯矩的步骤如下：

(1)计算支座反力(悬臂梁可不求)。

(2)用假想的截面在需求内力处将梁截成两段,取其中任一段为研究对象。

(3)画出研究对象的受力图(截面上的 $\boldsymbol{F}_Q$ 和 $\boldsymbol{M}$ 都先假设为正的方向)。

(4)建立平衡方程,解出内力。

【例 4-1】 求图 4-9a)中简支梁的 1-1、2-2 截面的剪力和弯矩。

解:(1)求支座反力。

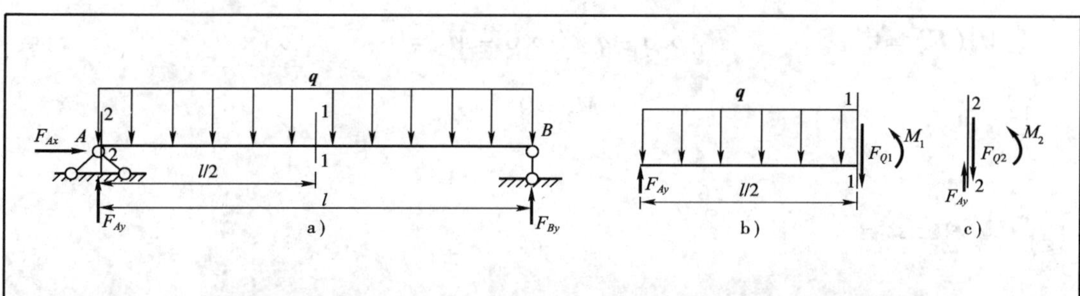

图 4-9 剪力和弯矩的计算

$\sum M_A = 0$ $\qquad F_{By}l - ql\dfrac{l}{2} = 0$

得 $\qquad F_{By} = \dfrac{ql}{2}\ (\uparrow)$

$\sum F_y = 0$ $\qquad F_{Ay} + F_{By} - ql = 0$

得 $\qquad F_{Ay} = \dfrac{ql}{2}(\uparrow)$

(2)求截面 1-1 的内力。

假想用 1-1 截面将梁截开，取左段为研究对象，受力图如图4-9 b)

所示。

$$\sum F_y = 0 \qquad F_{Ay} - F_{Q1} - q\frac{l}{2} = 0$$

得 $$F_{Q1} = 0$$

$$\sum M_1(\boldsymbol{F}) = 0 \qquad F_{Ay}\frac{l}{2} - q\frac{l}{2}\frac{l}{4} - M_1 = 0$$

得 $$M_1 = \frac{ql^2}{8}$$

(3)求截面 2-2 的内力。

假想用 2-2 截面将梁截开,取左段为研究对象,2-2 截面无限接近 A 支座,受力图如图 4-9c)所示。

$$\sum F_y = 0 \qquad F_{Ay} - F_{Q2} - q \times 0 = 0$$

得 $$F_{Q2} = \frac{ql}{2}$$

$$\sum M_2(\boldsymbol{F}) = 0 \qquad F_{Ay} \times 0 - q \times 0 \times 0 - M_2 = 0$$

得 $$M_2 = 0$$

想一想

在图 4-9 中,1-1 截面稍偏左和稍偏右,则截面上的剪力 $\boldsymbol{F}_Q$ 和弯矩 $\boldsymbol{M}$ 各有什么特征?

*三 用简易计算法求内力

学一学

通过上述例题,可以总结出直接根据外力计算梁内力的规律。

❶ 剪力的规律

梁内任一横截面上的剪力 F_Q 的大小等于该截面一侧与截面平行的所有外力的代数和。凡作用在截面左（右）侧梁上所有向上（下）的外力取正号，反之取负号。

$$F_Q = \sum F_{左} \qquad 或 \qquad F_Q = \sum F_{右}$$

此规律可记为:左上右下剪力正。

❷ 求弯矩的规律

弯矩 M 的大小等于该截面一侧所有外力对该截面形心力矩的代数和。凡作用在截面左（右）侧梁上所有绕截面形心顺（逆）时针转的外力矩取正号，反之取负号。

$$M = \sum M_{C左} \qquad 或 \qquad M = \sum M_{C右}$$

此规律可记为:左顺右逆弯矩正。

这里的左（右）是指研究对象在截面的左（右）边；上（下）是指作用在研究对象上的外力方向；顺（逆）是指作用在研究对象上的外力对截面形心力矩的转向。

利用上述规律直接由外力求梁内力的方法称为简易计算法。用简易计算法求内力可以省去画受力图和列平衡方程，从而简化了计算过程。现举例说明。

【例 4-2】 用简易计算法求图 4-10 所示简支梁 1-1 截面上的剪力和弯矩。

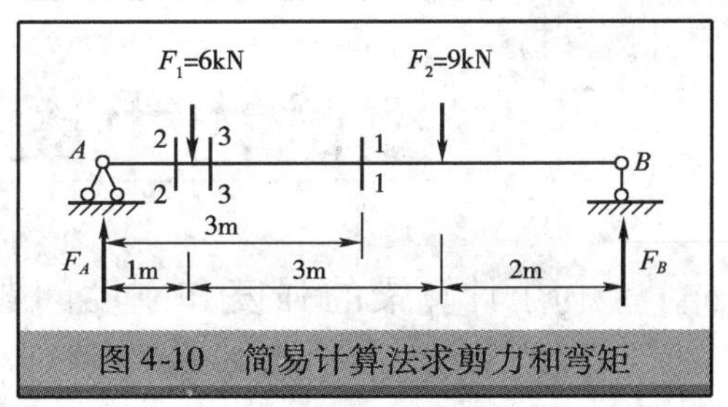

图 4-10　简易计算法求剪力和弯矩

解:(1)求支座反力。由梁的整体平衡求得:

$$F_A = 8\text{kN}(\uparrow), F_B = 7\text{kN}(\uparrow)$$

(2)计算 1-1 截面上的内力。由 1-1 截面以左部分的外力来计算内力，根据“左上右下剪力正”和“左顺右逆弯矩正”得:

$$F_{Q1} = F_A - F_1 = 8 - 6 = 2\text{kN}$$

$$M_1 = F_A \times 3 - F_1 \times 2 = 8 \times 3 - 6 \times 2 = 12\text{kN} \cdot \text{m}$$

单元 4 直梁弯曲

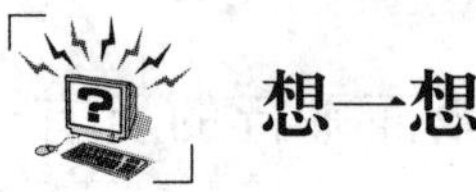

想一想

在图4-10中,2-2截面和3-3截面上的剪力和弯矩等于多少?在集中力的作用点处,剪力 F_Q 和弯矩 M 各有什么特征?

练一练

用简易计算法求图4-11所示各指定截面上的弯矩和剪力。

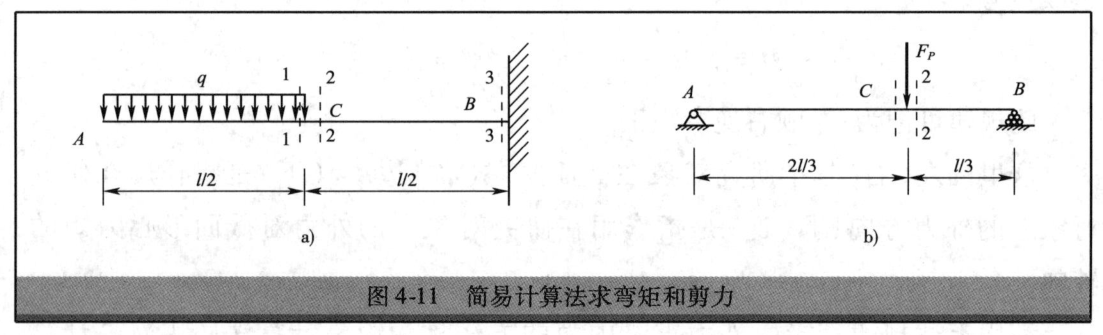

图4-11 简易计算法求弯矩和剪力

4.3 梁的内力图——剪力图与弯矩图

为了计算梁的强度和刚度问题,除了要计算指定截面的剪力和弯矩外,还必须了解剪力和弯矩沿梁轴线的变化规律,从而找到梁内剪力和弯矩的最大值以及它们所在的截面位置。

剪力图和弯矩图的绘制方法:以沿梁轴的横坐标表示梁横截面位置,以垂直于梁轴方向的纵坐标表示相应截面的剪力和弯矩。在工程中,习惯上把正剪力画在横坐标轴的上方,负剪力画在下方,而把弯矩图画在受拉的一侧。

学一学

梁内各截面上的剪力和弯矩一般随截面的位置而变化。若横截面的位置用沿梁轴线的坐标 x 来表示,则各横截面上的剪力和弯矩都可以表示为坐标 x 的函数,即

$$F_Q = F_Q(x), \quad M = M(x)$$

以上两个函数式表示梁内剪力和弯矩沿梁轴线的变化规律,分别称为剪力方程和弯矩方程。

一 简支梁在均布荷载作用下的剪力图和弯矩图

【例 4-3】 简支梁受均布荷截作用如图 4-12a)所示,试画出梁的剪力图和弯矩图。

解:(1)求支座反力

因对称关系,可得:

$$F_A = F_B = \frac{1}{2}ql \quad (\uparrow)$$

(2)列剪力方程和弯矩方程

取距 A 点为 x 处的任意截面,将梁假想截开,考虑左段平衡,可得:

$$F_Q(x_1) = F_A = \frac{Fb}{l} \quad (0 < x_1 < a) \quad (4\text{-}1)$$

$$M(x_1) = F_A x_1 = \frac{Fb}{l}x_1 \quad (0 \leqslant x_1 \leqslant a) \quad (4\text{-}2)$$

(3)画剪力图和弯矩图

由式(4-1)可见,$F_Q(x)$ 是 x 的一次函数,即剪力方程为一直线方程,剪力图是一条斜直线。

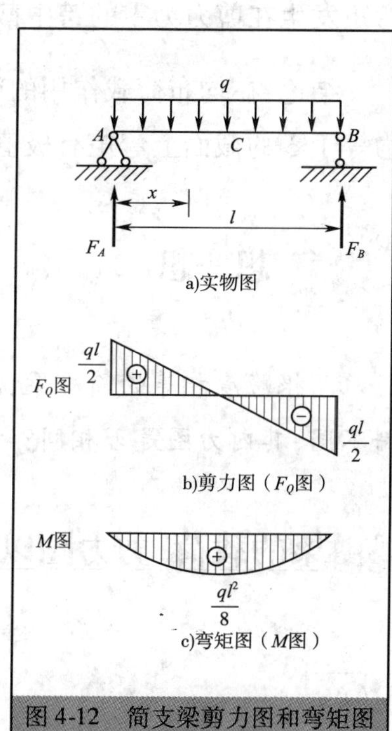

图 4-12 简支梁剪力图和弯矩图

当
$$x=0\text{ 时}\quad F_{QA}=\frac{ql}{2}$$
$$x=l\text{ 时}\quad F_{QB}=-\frac{ql}{2}$$

根据这两个截面的剪力值,画出剪力图,如图4-12b)所示。

由式(4-2)知,$M(x)$是x的二次函数,说明弯矩图是一条二次抛物线,应至少计算三个截面的弯矩值,才可描绘出曲线的大致形状。

当$x=0$时,$M_A=0$。

当$x=\frac{l}{2}$时,$M_C=\frac{ql^2}{8}$。

当$x=l$时,$M_B=0$。

根据以上计算结果,画出弯矩图,如图4-12c)所示。

从剪力图和弯矩图中可知,受均布荷载作用的简支梁,其剪力图为斜直线,弯矩图为二次抛物线;最大剪力发生在两端支座处,绝对值为$|F_Q|_{\max}=\frac{1}{2}ql$;而最大弯矩发生在剪力为零的跨中截面上,其绝对值为$|M|_{\max}=\frac{1}{8}ql^2$。

结论:在均布荷载作用的梁段,剪力图为斜直线,弯矩图为二次抛物线。在剪力等于零的截面上弯矩有极值。

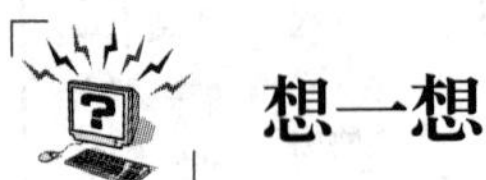

想一想

两根跨度相等的简支梁,承受相同的荷载作用,其截面形状、尺寸相同,但材料不同,其内力图是否相同?

二 梁的载荷、剪力图以及弯矩图之间的关系

学一学

能迅速准确地画出梁的剪力图和弯矩图,是学好工程力学的重要环节。为此

就必须了解荷载图与剪力图和弯矩图之间的关系，找出作图的规律。

通过对图 4-13 的观察分析，通常梁的外力（包括荷载及支座反力）有集中力、集中力偶和均布荷载三类（由于其他形式的荷载不常见，此处不讨论）。梁可以分割为无荷载段和均布荷载段。图中的 *AC*、*CD*、*DE* 为无荷载段；*EB* 为均布荷载段。有荷载作用的特殊点有集中力作用点，如图中的 *A*、*B*、*C* 点；集中力偶作用点，如图中的 *D* 点；无荷载到均布荷载的过渡点，如图中的 *E* 点。因此着重分析两类段、三类点共五种情况下，荷载、剪力图以及弯矩图之间对应关系的规律。

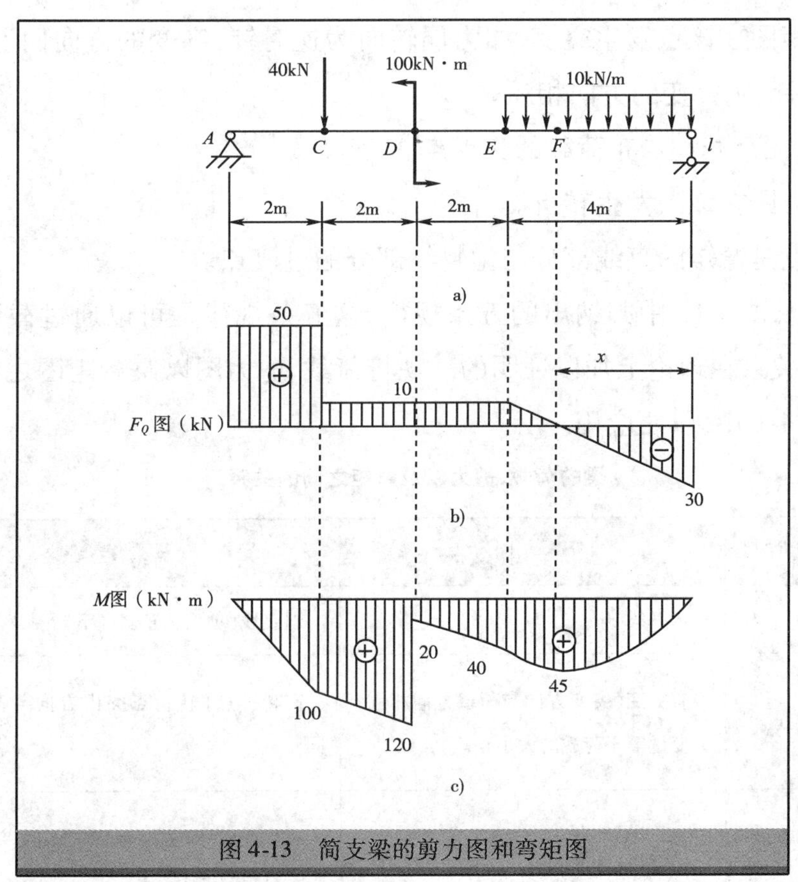

图 4-13 简支梁的剪力图和弯矩图

规律 1：无荷载段（如 *AC*、*CD*、*DE* 段）。

（1）剪力图是水平线。

（2）弯矩图是直线，其中包括水平线和斜直线。

规律 2：均布荷载段（如 *EB* 段）。

（1）剪力图是斜直线。

(2)当均布荷载向下时,弯矩图是开口向上的抛物线,极值点的位置和剪力等于零的位置相对应(如 F 点)。

规律 3:集中力作用点(如 A、C、B 点)。

(1)剪力图在该点发生突变,从梁的左侧向右移动,突变的方向和荷载的方向一致,突变的高度为该集中荷载的大小。

(2)弯矩图在该点发生转折。

规律 4:集中力偶作用点(如 D 点)。

(1)剪力图没有发生变化,和无荷载一样。

(2)弯矩图在该点发生突变,如力偶转向为逆时针,突变的方向向上;如力偶转向为顺时针,则突变的方向相反。

规律 5:无荷载和均布荷载的交界点。

(1)剪力图在该点发生转折。

(2)此点是弯矩图直线部分与抛物线部分的过渡点。

以上是从图 4-13 中归纳出的五条规律,这五条规律是可以通过截面内力与荷载的微分关系在理论上加以证明的。现将荷载、剪力图以及弯矩图之间的关系规律列于表 4-1 中,以便应用。

梁的荷载、剪力以及弯矩之间的关系　　表 4-1

荷载图	剪力图	弯矩图
无荷载区段	水平线	斜直线(剪力为正斜向下)
集中荷载作用点	有突变(突变方向与荷载方向相同,突变量等于荷载的大小)	有转折点(转折点突出方向与荷载方向相同)
力偶荷载作用点	无变化	有突变(荷载逆时针转向,向上突变,突变量等于荷载的大小)

想一想

如何确定弯矩的极值?弯矩图上的极值是否就是梁内的最大弯矩?

三 控制截面法作梁的内力图

学一学

控制截面法作梁的内力图步骤如下：

(1)求支座反力(悬臂梁有时可不用求)。

(2)分段。根据梁上的荷载情况，将梁分割成若干段无荷载段和均布荷载段，各段的两端称为控制截面，控制截面上的内力值称为控制值。

(3)画内力图。将每段的内力控制值用截面法或前面归纳的规律求出。水平线只需求一个值；斜直线需求两个值；抛物线除需求两端的两个控制值外，如有极值，还需将极值求出，然后画出内力图。

①画剪力图。

②画弯矩图遇到画抛物线时，首先要观察剪力图上有无剪力等于零的截面。如有，可以利用相似三角形对应边成比例的关系，从剪力图上找出该截面的位置，然后用截面法算出抛物线的极值。

注意：利用规律表绘制剪力与弯矩图时，只能从左至右进行。

【例4-4】 试画出图4-14a)所示悬臂梁的剪力图和弯矩图。

解：因为是悬臂梁可以不用计算支座反力。

(1)分段

根据梁上的荷载情况，梁只需计算AB段，见表4-2。

表4-2

段	荷载	F_Q图形状	控制值
AB	均布	斜直线	$F_{QB}=0$；$F_{QA}=40$kN

(2)画内力图

①画剪力图。先由荷载的情况判断剪力图的形状，由于梁受到的是均布荷载，因此剪力图的形状是斜直线，需计算两个控制值，然后画出剪力图，如图4-14b)。

②画弯矩图。先由载荷和剪力图的情况判断弯矩图的形状是抛物线，剪力图在B点为零，并且与B点控制截面位置重合，故AB段中无极值点，只需两个控制值，见表4-3。再计算控制值，然后画出弯矩图，如图4-14c)。

表 4-3

段	荷载	M 图形状	控制值
AB	均布	抛物线	$M_B = 0; M_C = 80\text{kN}\cdot\text{m}$

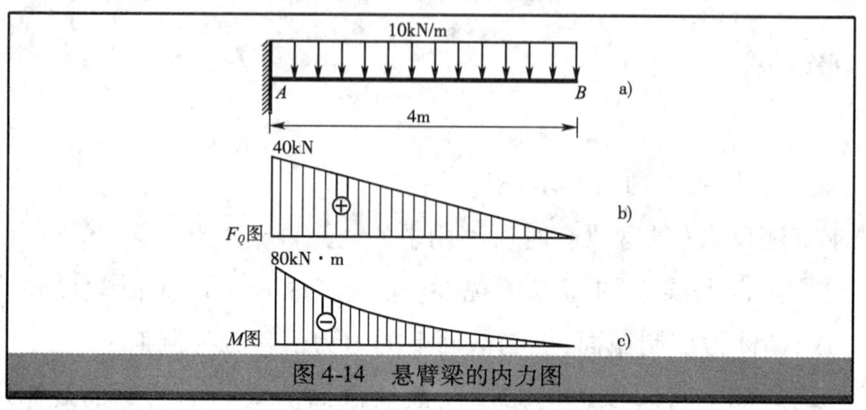

图 4-14　悬臂梁的内力图

【例 4-5】　外伸梁的梁上荷载如图 4-15a)所示，已知 $l = 4\text{m}$，试画出外伸梁的剪力图和弯矩图。

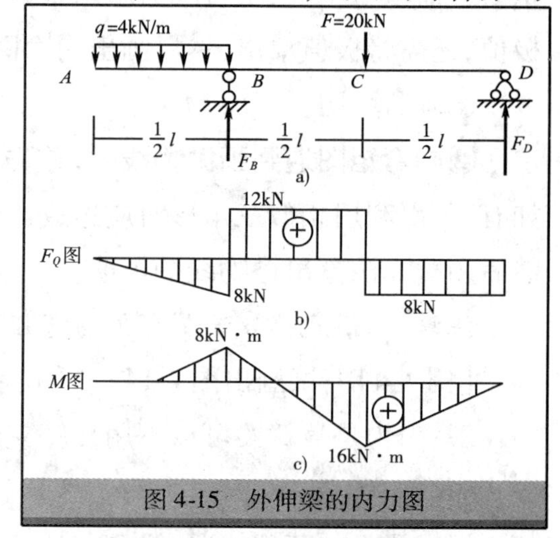

图 4-15　外伸梁的内力图

解：(1)求支座反力。

由 $\sum M_B = 0, F_D \times 4 - 20 \times 2 + 4 \times 2 \times 1 = 0$

得 $F_D = 12\text{kN}(\uparrow)$

由　$\sum F_y = 0, F_D + F_B - 20 - 8 = 0$

得　$F_B = 20\text{kN}(\uparrow)$

(2)根据梁上的外力情况，将梁分为 AB、BC 和 CD 三段。

(3)画内力图。

①画剪力图。AB 段梁上有均布荷载，该段梁的剪力图为斜直线，需要两个控制值；BC 和 CD 段均为无荷载区段，剪力图均为水平线，每段只需一个控制值然后画出剪力图，如图 4-15b)、表 4-4。

表 4-4

段	荷载	F_Q 图形状	控制值
AB	均布	斜直线	$F_A = 0; F_{QB} = -8\text{kN}$
BC	无	水平线	$F_{QB} = 12\text{kN}$
CD	无	水平线	$F_{QD} = -8\text{kN}$

②画弯矩图。先由载荷和剪力图的情况判断弯矩图的形状是抛物线，再计算

控制值，然后画出弯矩图，*AB* 段梁上有均布荷载，该段梁的弯矩图为二次抛物线。此段剪力图在 *A* 点为零，并与 *A* 点控制截面重合，故 *AB* 段无极值点，只需两个控制值；*BC* 段与 *CD* 段均为无荷载区段，弯矩图均为斜直线。如图 4-15、表 4-5。

表 4-5

段	荷载	*M* 图形状	控制值
AB	均布	抛物线	$M_A=0$；$M_B=-8\text{kN}\cdot\text{m}$
BC	无	直线	$M_B=-8\text{kN}\cdot\text{m}$；$M_C=16\text{kN}\cdot\text{m}$
CD	无	直线	$M_C=16\text{kN}\cdot\text{m}$；$M_D=0$

练一练

试用规律画出例 4-3 的内力图。

4.4 梁的正应力及其强度条件

前面已经讨论了梁的内力计算和内力图的绘制。但是，只知道内力的大小还不能判断梁的强度是否能得到保证。为了进行梁的强度计算，还需要研究梁横截面上应力的分布规律和应力计算公式，进而建立强度条件。

一 梁的正应力

看一看

1 试验观察

取一根矩形截面梁，在其表面画纵线以及横线[图 4-16a)]，并在梁两端纵向对称面内,施加一对大小相等、方向相反的力偶,使梁处于纯弯曲(梁横截面上只有弯矩而无剪力)状态[图4-16b)]。

从试验中观察到:

(1)梁表面的横线仍为直线,只是横线相对旋转了一个角度,仍与纵线垂直。

(2)各纵线变为曲线,而且靠近梁顶面的纵线缩短,靠近梁底面的纵线伸长。

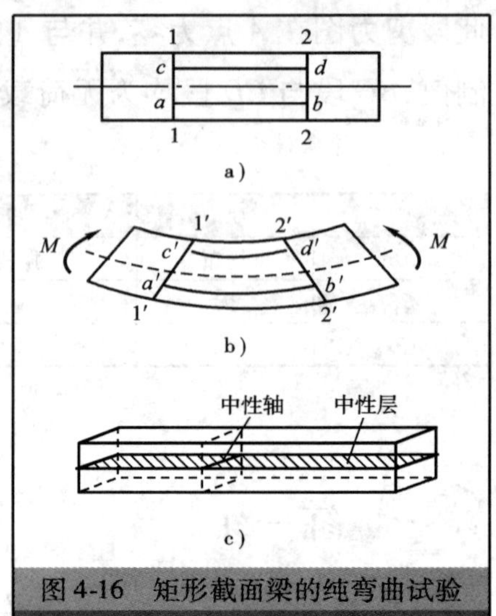

图4-16　矩形截面梁的纯弯曲试验

2 假设与推理

根据上述观察现象可以假设及推理:

(1)平面假设:梁变形后,横截面仍保持平面,且仍垂直于纵线。

(2)单向受力假设:如果设想梁由无数根纵向纤维组成,则梁变形后各纤维只受拉伸或压缩作用,不存在相互挤压。

学一学

由以上假设可知,由于梁变形后的横截面仍保持平面,且仍垂直于纵线。说明横截面上各点均无切应变,因此,纯弯曲时梁的横截面上不存在切应力;梁的一侧拉长、一侧压短,其间必存在一长度不变的过渡层,称为中性层[图4-16c)]。中性层与横截面的交线,称为中性轴。由胡克定律可知:横截面上各点的正应力 $\boldsymbol{\sigma}$ 大小与该点到中性轴的距离 y 成正比,即沿截面高度呈线性分布,中性层上各点的正应力为零,在距中性轴等距离的各点处正应力相同(图4-17)。

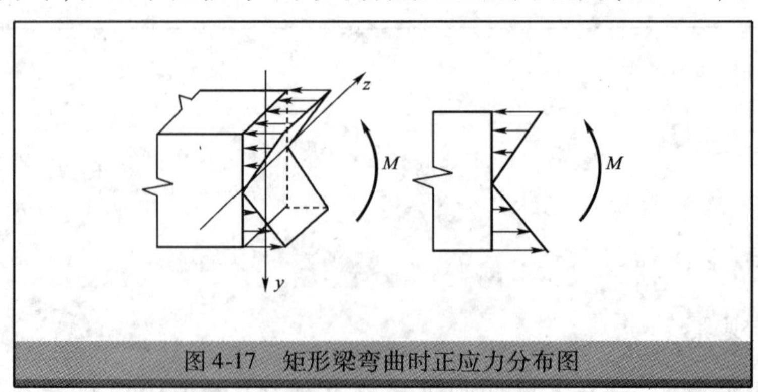

图4-17　矩形梁弯曲时正应力分布图

1 纯弯曲梁横截面正应力计算公式

纯弯曲梁横截面弯矩 **M** 是由各点的应力合成的结果,其任一点处正应力的计算公式如下:

$$\sigma = \frac{My}{I_z} \tag{4-3}$$

式中:σ——纯弯曲梁横截面上某点的正应力;

M——纯弯曲梁横截面上的弯矩;

y——正应力作用点到中性轴的距离;

I_z——截面对中性轴的惯性矩。

应该指出的是,以上结论虽然是在矩形截面梁、纯弯曲情况下建立的,但对工程中大部分非矩形截面梁以及非纯弯曲的情况仍然适用。

2 截面图形的几何性质

构件的截面都是具有一定几何形状的平面图形,与截面形状、尺寸有关的几何量叫做截面的几何性质,如面积、形心等。截面的几何性质是影响构件承载能力的重要因素之一。

(1)形心

截面的形心就是截面图形的几何中心。当截面具有两个对称轴时,二者的交点就是该截面的形心。据此,可以很容易确定圆形、圆环形、矩形的形心;只有一个对称轴的截面,形心一定在其对称轴上,具体在对称轴上的哪一点,则需计算才能确定。

(2)惯性矩

由式(4-3)可知,弯曲正应力不仅与外力有关,而且与截面对中性轴的惯性矩 I_z 有关。

截面惯性矩 I_z 是与截面的形状及尺寸相关的几何量。常见图形截面的几何性质见表4-6。

常用图形截面的几何性质　　表4-6

序号	图形	面积	形心位置	惯性矩	抗弯截面系数	惯性半径
1	(矩形截面,宽 b,高 h,形心 C,轴 y、z,e)	$A = bh$	$e = \frac{h}{2}$	$I_{Cz} = \frac{bh^3}{12}$ $I_{Cy} = \frac{hb^3}{12}$	$W_c = \frac{bh^2}{6}$ $W_y = \frac{hb^2}{6}$	$r_c = \frac{h}{\sqrt{12}}$ $r_y = \frac{b}{\sqrt{12}}$

续上表

序号	图形	面积	形心位置	惯性矩	抗弯截面系数	惯性半径
2	y, z, C, D, e	$A=\frac{\pi D^2}{4}$	$e=\frac{D}{2}$	$I_{Cz}=I_{Cy}=\frac{\pi D^4}{64}$	$W_r=W_y=$ $\frac{\pi r^2}{4}=\frac{\pi D^2}{16}$	$r_x=r_y$ $=\frac{r}{2}=\frac{D}{4}$
3	y, z, C, r, R, D, d, e	$A=$ $\frac{\pi(D^2-d^2)}{4}$	$e=\frac{D}{2}$	$I_{Cz}=I_{Cy}=$ $\frac{\pi(D^4-d^4)}{64}$	$W_t=W_x$ $=\frac{x}{R}(R^4-r^4)$ $=\frac{x}{32D}(D^2-d^2)$	$r_x=r_y$ $=\frac{1}{2}\sqrt{R^2+r^2}$ $=\frac{1}{4}\sqrt{D^2+d^2}$

二　最大正应力

想一想

我们依据什么来判断构件的危险截面？对于分别由脆性材料和塑性材料制成的构件，危险截面及危险点判断有何差异？

学一学

在进行梁的强度计算时，必须算出梁的最大正应力值。对于等直梁，弯曲时的最大正应力一定在弯矩最大的截面的上、下边缘，该截面称为危险截面，其上、下边缘的点称为危险点。

1　对于中性轴是截面对称轴的梁

对于中性轴是截面对称轴的梁，最大正应力的值为：

$$\sigma_{\max}=\frac{My_{\max}}{I_z} \tag{4-4}$$

令 $$W_z = \frac{I_z}{y_{\max}}$$

则 $$\sigma_{\max} = \frac{M}{W_z} \tag{4-5}$$

式(4-5)中 W_z 称为抗弯截面系数,它是衡量截面抗弯能力的一个几何量,与截面的形状和尺寸有关,其单位为 m^3 或 mm^3。

矩形截面(宽为 b,高为 h):

$$W_z = I_z / y_{\max} = bh^2/6$$

圆形截面(直径为 d):

$$W_z = I_z / y_{\max} = \pi d^3/32 \approx 0.1d^3$$

对工字钢、槽钢、角钢等各种型钢截面的抗弯截面系数 W_z,可从附录 2 中查得。

* ② 对于中性轴不是截面对称轴的梁

如图 4-18 所示的 T 形截面梁,在正弯矩 $\boldsymbol{M}$ 作用下,梁下边缘处产生最大拉应力,上边缘处产生最大压应力,其值分别为:

$$\left.\begin{aligned} \sigma_{l\max} &= \frac{My_1}{I_z} \\ \sigma_{y\max} &= \frac{My_2}{I_z} \end{aligned}\right\} \tag{4-6}$$

a)

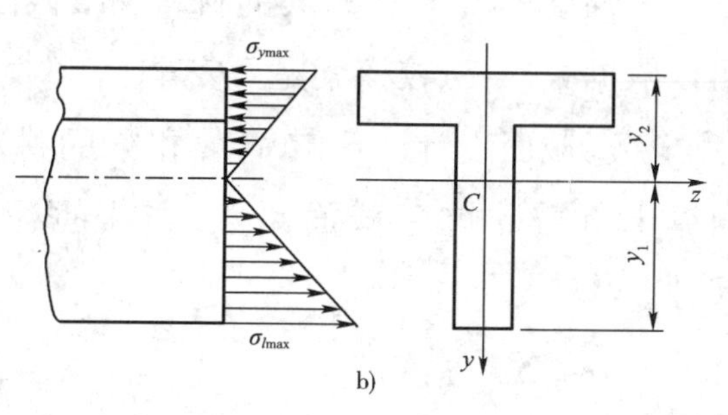

b)

图 4-18 T 形截面梁

三 正应力强度条件

想一想

两根跨度相同、承受相同荷载的简支梁，它们的截面形状不同，但面积相近。试问这两根梁的剪力和弯矩是否相同？最大正应力是否相等？

学一学

为了保证梁能具有足够的强度，并能安全可靠地工作，必须使梁内的最大工作应力 σ_{max} 不超过材料的许用应力 $[\sigma]$。

(1)当材料的抗拉和抗压能力相同时，即 $[\sigma_l]=[\sigma_y]=[\sigma]$，则梁的正应力强度条件为：

$$\sigma_{max}=\frac{M}{W_z}\leqslant[\sigma] \tag{4-7}$$

利用强度条件，可以解决工程实际中梁的强度校核、设计截面尺寸和确定许可荷载三类问题。

①强度校核 。已知梁的材料和横截面的形状、尺寸以及所受荷载的情况下，可以依据式(4-7)校核梁是否安全。

*②截面设计。已知荷载和梁的材料，可确定梁的截面尺寸。由式(4-8)可算出所需的抗弯截面系数，再根据梁的截面形状进一步确定截面的具体尺寸。

$$W_z\geqslant\frac{M_{max}}{[\sigma]} \tag{4-8}$$

*③确定许可荷载。已知梁的材料和截面尺寸，可根据强度条件确定构件能承受的最大荷载。由式(4-9)可算出梁所能承受的最大弯矩，再由 M_{max} 与荷载间

的关系计算出许可荷载。

$$M_{max} \leqslant W_z[\sigma] \quad (4\text{-}9)$$

(2)当材料的抗拉和抗压能力不相同时,即$[\sigma_l] \neq [\sigma_y]$,则梁的正应力强度条件为:

$$\left.\begin{aligned}\sigma_{l\max} &= \frac{M}{W_l} \leqslant [\sigma_l] \\ \sigma_{y\max} &= \frac{M}{W_y} \leqslant [\sigma_y]\end{aligned}\right\} \quad (4\text{-}10)$$

【例4-6】 如图4-19所示,一悬臂梁长$l = 1.5\text{m}$,自由端受集中力$F = 32\text{kN}$作用,梁由№22a工字钢制成,自重按$q = 0.33\text{kN/m}$计算,$[\sigma] = 160\text{MPa}$。试校核梁的正应力强度。

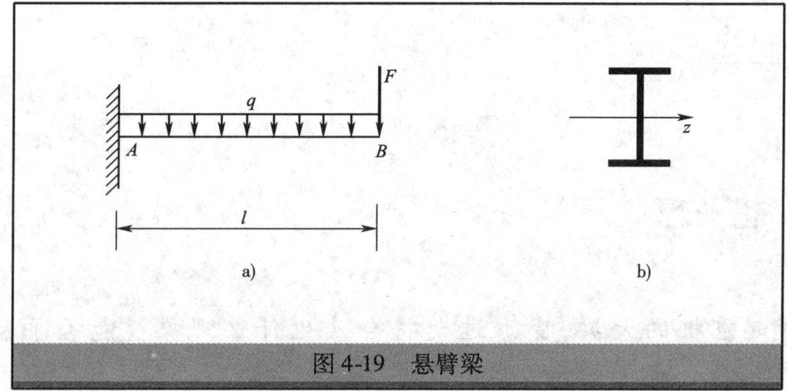

图4-19 悬臂梁

解:(1)画弯矩图,求最大弯矩的绝对值。

$$|M_{max}| = Fl + \frac{ql^2}{2} = 32 \times 1.5 + \frac{1}{2} \times 0.33 \times 1.5^2 \approx 48.4\text{kN} \cdot \text{m}$$

(2)查型钢表(见附录2),№22a工字钢的抗弯截面系数为:

$$W_z = 309\text{cm}^3$$

(3)校核正应力强度。

$$\sigma_{max} = \frac{M_{max}}{W_z} = \frac{48.4 \times 10^6}{309 \times 10^3} = 157\text{MPa} < [\sigma] = 160\text{MPa}$$

满足正应力强度条件。

对于抗拉与抗压性能不同的脆性材料,当截面中性轴z轴不是对称轴时,对梁的最大正弯矩与最大负弯矩截面均要校核强度。

4.5 梁的变形

单杠和跳板都可视作梁，都会产生弯曲变形。但工程中梁在工作时是不允许产生过大弯曲变形的。例如，楼面梁变形过大，会使下面的抹灰层开裂或脱落。因此，工程上除了应保证梁有足够的强度之外，还要有足够的刚度，也就是说，梁的弯曲变形值必须限制在一定范围之内。

一 挠曲线

想一想

桥式起重机的大梁，变形过大将会产生什么现象？能否平稳安全地起吊重物？

学一学

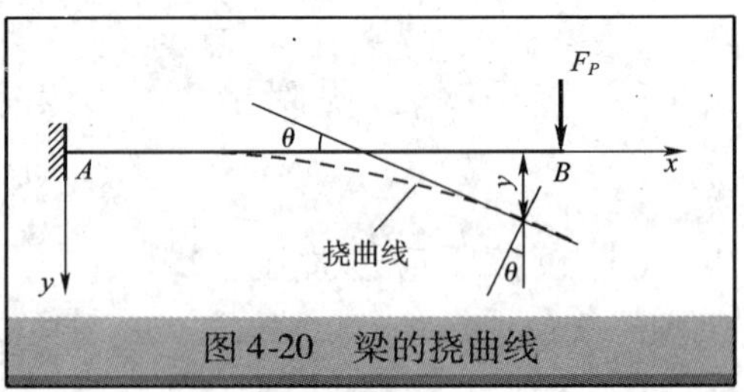

图 4-20　梁的挠曲线

如图 4-20 所示，悬臂梁 xAy 平面是梁的纵向对称面，荷载作用在这个平面上，梁变形后的轴线将成为此平面内的一条曲线，这条连续而光滑的曲线称为梁的挠曲线。

二 挠度和转角

观察梁在平面弯曲时的变形（图 4-20），可以看出梁的横截面产生了两种位移。

(1)挠度。梁轴线上任一点(横截面形心)在垂直于轴线方向的线位移称为该点的挠度,通常用 y 表示,并以向下为正。挠度的单位与长度单位一致,用米(m)或毫米(mm)表示。

(2)转角。梁的任一横截面在梁变形后绕中性轴转动的角度称为该截面的转角,用 θ 表示,并以顺时针转动为正。转角的单位一般是用弧度(rad)。

*三　常用梁在简单荷载作用下的变形

在小变形范围内,梁的转角和挠度都与梁上的荷载呈线性关系。因此,可以用叠加法来计算梁的变形,即梁在几个荷载同时作用下,其任一截面处的转角或挠度等于各个荷载分别单独作用时梁在该截面处的转角或挠度的代数和。

(1)梁在简单荷载作用下的转角和挠度可从表4-7中查得。

常用梁在简单荷载作用下的变形　　表4-7

序号	支承和荷载作用情况	梁端转角	挠曲线方程	最大挠度
1	悬臂梁 A 端固定,自由端 B 受集中力 F_P;l,θ_B,f_B,x,y	$\theta_B=\dfrac{F_Pl^2}{2EI}$	$y=\dfrac{F_Px^2}{6EI}(3l-x)$	$f_B=\dfrac{F_Pl^3}{3EI}$
2	悬臂梁 A 端固定,全跨受均布荷载 q;l,θ_B,f_B,x,y	$\theta_B=\dfrac{ql^3}{6EI}$	$y=\dfrac{qx^2}{24EI}(x^2+6l^2-4lx)$	$f_B=\dfrac{ql^4}{8EI}$
3	悬臂梁 A 端固定,自由端 B 受力偶 m;l,θ_B,f_B,x,y	$\theta_B=\dfrac{ml}{EI}$	$y=\dfrac{mx^2}{2EI}$	$f_B=\dfrac{ml^2}{2EI}$

续上表

序号	支承和荷载作用情况	梁端转角	挠曲线方程	最大挠度
4	A, B, F_P, a, b, l, θ_A, θ_B, x, y	$\theta_A = \frac{F_P ab(l+b)}{6lEI}$ $\theta_B = -\frac{F_P ab(l+a)}{6lEI}$	当 $0 \leqslant x \leqslant a$ 时, $y = \frac{F_P bx}{6lEI}(l^2 - x^2 - b^2)$; 当 $a \leqslant x \leqslant l$ 时, $y = \frac{F_P a(l-x)}{6lEI}(2lx - x^2 - a^2)$	在 $x = \sqrt{(l^2 - b^2)/3}$ 处最大 $f_{\max} = \frac{\sqrt{3}F_P b}{27lEI}(l^2 - b^2)^{3/2}$ $f_{x=\frac{l}{2}} = \frac{F_P b}{48EI}(3l^2 - 4b^2)$ (设 $a > b$)
5	q, A, B, C, l, θ_A, θ_B, x, y	$\theta_A = -\theta_B = \frac{ql^3}{24EI}$	$y = \frac{qx}{24EI}(l^3 - 2lx^2 + x^3)$	$f_C = \frac{5ql^4}{384EI}$
6	A, B, m, l, θ_A, θ_B, x, y	$\theta_A = \frac{ml}{6EI}$ $\theta_B = -\frac{ml}{3EI}$	$y = \frac{mx}{6lEI}(l^2 - x^2)$	在 $x = l/\sqrt{3}$ 处最大 $f_{\max} = \frac{ml^2}{9\sqrt{3}EI}$ $f_{x=\frac{l}{2}} = \frac{ml^2}{16EI}$
7	m, A, B, m, l, θ_A, θ_B, x, y	$\theta_A = \frac{ml}{3EI}$ $\theta_B = -\frac{ml}{6EI}$	$y = \frac{mx}{6lEI}(l-x)(2l-x)$	$x = (1 - 1/\sqrt{3})l$ 处最大 $f_{\max} = \frac{ml^2}{9\sqrt{3}EI}$ $f_{x=\frac{l}{2}} = \frac{ml^2}{16EI}$

在表4-7中的图示直角坐标系中,关于挠度和转角的正负号按照下列规定:

①挠度。向下(与 y 轴的正向相同)的为正,向上的为负。

②转角。顺时针转向为正,逆时针转向为负。

(2)从表4-7可以看出,梁的挠度和转角与梁的抗弯刚度 EI、梁的跨度 L、荷载形式以及支座情况有关。因此,提高梁弯曲刚度的措施如下:

①缩小梁的跨度或增加支座。

②选择合理的截面形状。梁的变形与抗弯刚度 EI 成反比,增大 EI 将使梁的变形减小。

③改善荷载的作用情况。弯矩是引起变形的主要因素,改善荷载的作用位置与方式,减小梁内弯矩,可达到减小变形,提高刚度的目的。

4.6 直梁弯曲在工程中的应用问题

在实际工程中,受弯构件是最常用的一种构件,其中梁以弯曲变形为主,而梁根据约束情况、跨数、材料等特性分为多种。在实际中,应把力学知识与工程实际情况相结合,从而较好地解决实际问题。

一 提高梁抗弯强度的途径

学一学

提高梁的抗弯强度,就是在材料消耗最低的前提下,提高梁的承载能力,解决安全和经济这一对矛盾,使设计满足既安全又经济的要求。

一般情况下,梁的设计是以正应力强度条件为依据。由等直梁的正应力强度条件 $\sigma_{max} = \dfrac{M}{W_z} \leqslant [\sigma]$ 可以看出,梁横截面上最大正应力与最大弯矩成正比,与抗弯截面系数成反比。因此,提高梁的弯曲强度主要从降低最大弯矩值和增大抗弯截面系数这两方面进行。

1 降低最大弯矩 M_{max}

最大弯矩 M_{max} 不仅与支承及荷载的大小有关,而且与荷载作用的方式有关。

荷载的大小由工作需要而定，在使用要求允许的情况下，合理安排梁的受力情况，能降低最大弯矩值。

（1）合理布置梁的支座。以简支梁受均布荷载作用为例[图 4-21a)]，跨中最大弯矩 $M_{max}=ql^2/8$ ，若将两端的支座各向中间移动 $0.2l$[图 4-21b)]，最大弯矩将减小为 $M_{max}=ql^2/40$，仅为前者的 1/5。因此，在同样的荷载作用下，梁的截面可减小，从而大大节省材料，并减轻梁的自重。

（2）改善荷载的布置情况。若结构上允许把集中荷载分散布置，可以降低梁的最大弯矩值。例如，简支梁在跨中受一集中力 $\boldsymbol{F}_P$ 作用[图 4-22a)]，其 $M_{max}=F_Pl/4$。若在 AB 梁上安置一根短梁 CD[图 4-22b)]，其最大弯矩将减小为 $M_{max}=F_Pl/8$，仅为前者的 1/2。又如，将集中力 $\boldsymbol{F}_P$ 分散为均布荷载 $q=F_P/l$[图 4-22c)]，其最大弯矩将减小为 $M_{max}=ql^2/8=F_Pl/8$，只有原来的 1/2。

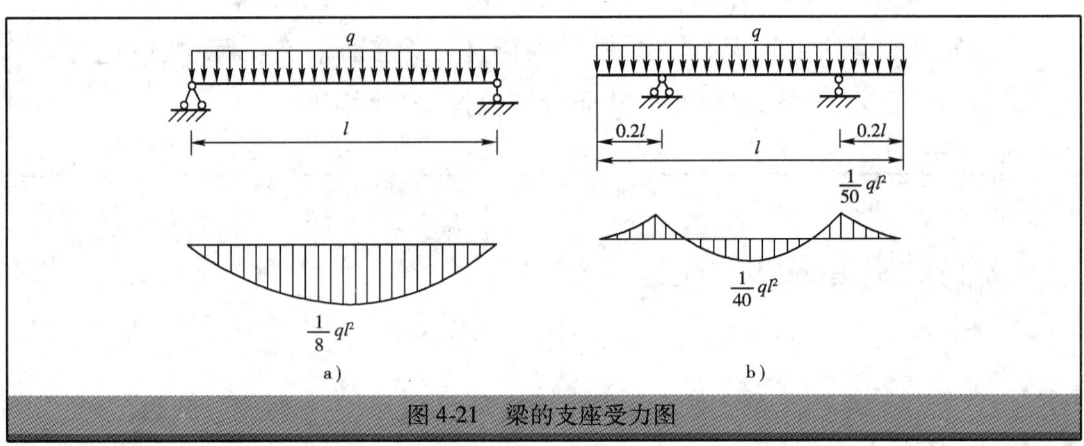

图 4-21 梁的支座受力图

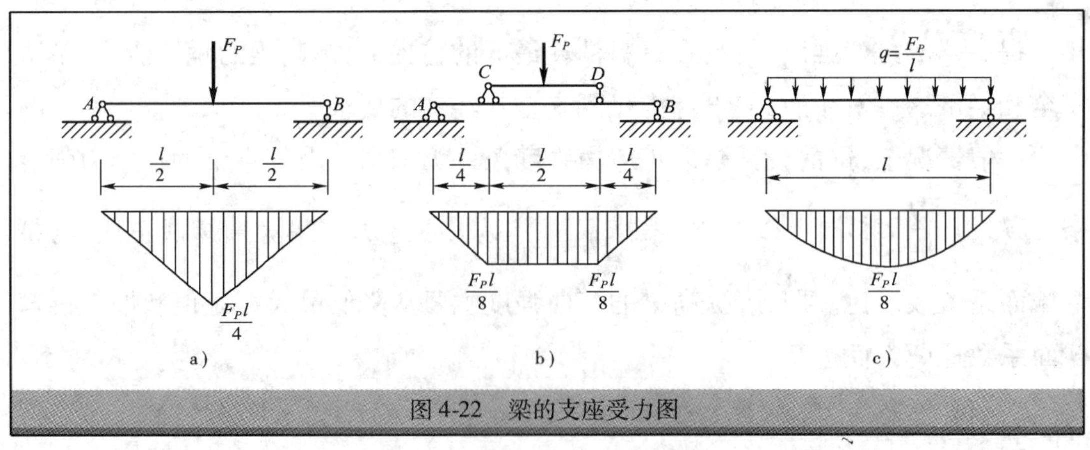

图 4-22 梁的支座受力图

(3)适当增加梁的支座。由于梁的最大弯矩与梁的跨度有关,增加支座可以减小梁的跨度,从而降低最大弯矩值。例如,在均布荷载作用下的简支梁,在梁中间增加一个支座(图4-23),则 $M_{max}=ql^2/32$,仅为原最大弯矩($ql^2/8$)的1/4。

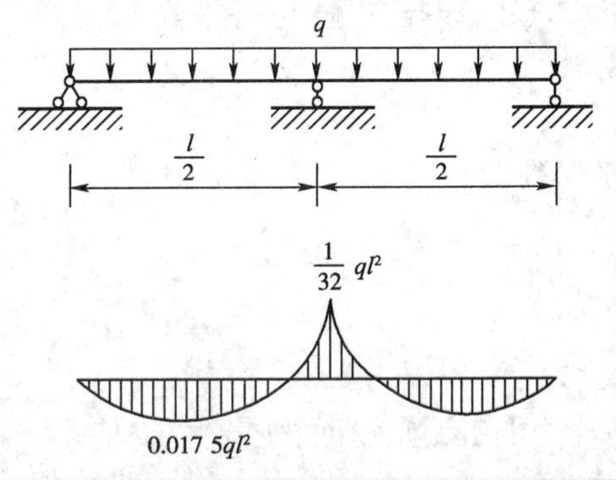

图4-23　受力图

② 选择合理的截面形状

(1)选择抗弯截面系数 W_z 与截面面积 A 比值高的截面。梁所能承受的弯矩与抗弯截面系数 W_z 成正比,W_z 不仅与截面的尺寸有关,还与截面的形状有关。梁的横截面面积越大,W_z 也越大,但消耗的材料也越多。所以,梁的合理截面应该是用最小的面积得到最大的抗弯截面系数。若用 W_z/A 比来衡量截面的经济程度,则该比值越大,截面就越经济合理。

表4-8列出了几种常用截面形状的比值。由表可见,圆形截面的比值最小,矩形截面次之,工字钢及槽钢较好。

几种常用截面 W_z/A 的比值　　表4-8

截面形状	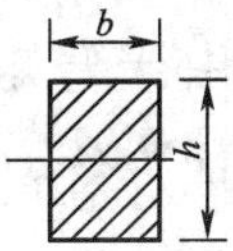 矩形(b×h)	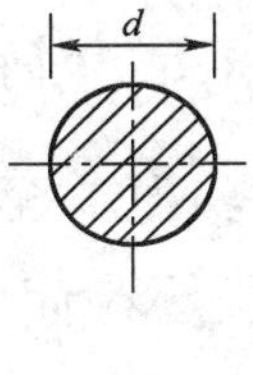 圆形(d)	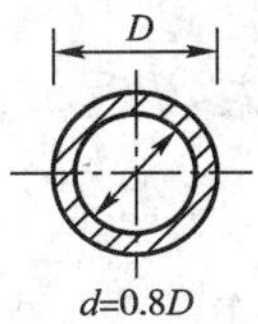 圆环(D, d=0.8D)	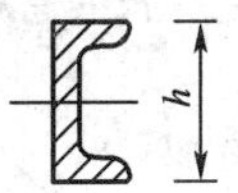 槽形(h)	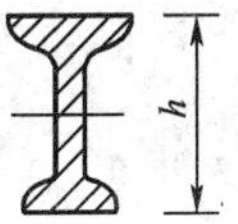 工字形(h)
W_z/A	0.167h	0.125d	0.205D	(0.27～0.31)h	(0.27～0.31)h

截面形状的合理性,可以用正应力分布情况来说明。弯曲正应力沿截面高度呈线性规律分布,在中性轴附近正应力很小,这部分材料没有得到充分的利用。因此,应把中性轴附近的材料尽量减少,而将大部分材料布置到距中性轴较远的位置。所以,在工程上常采用工字形、圆环形、箱形等截面形式。建筑中常见的空心板也是根据这个原理制作的。

(2)根据材料的特性选择截面。

正应力强度条件如下:

$$\sigma_{l\max} = \frac{M \times y_1}{I_z} \leqslant [\sigma_l]$$

$$\sigma_{y\max} = \frac{M \times y_2}{I_z} \leqslant [\sigma_y]$$

可知,当截面的最大拉应力与压应力同时达到其许用值时,材料才能得到充分利用,故同时满足以上两式的截面形状才是合理的。由以上两式取等号相比得:

$$[\sigma_l]/[\sigma_y] = y_1/y_2$$

式中:y_1、y_2——分别为截面受拉与受压边缘离中性轴的距离。

对于抗拉和抗压强度相等的塑性材料,由于$[\sigma_l]=[\sigma_y]$,则要求$y_1=y_2$,故应采用对称于中性轴的截面,如矩形、圆形、工字形等截面。

对于抗拉和抗压强度不相等的脆性材料,由于$[\sigma_l]\neq[\sigma_y]$,则要求$y_1\neq y_2$,故应采用不对称于中性轴的截面,如T形、槽形等截面。还应注意,脆性材料的$[\sigma_y]$往往比$[\sigma_l]$大得多,因此受压边缘离中性轴的距离y_2应较大。

3 采用变截面梁

等截面梁的截面尺寸是由最大弯矩M_{max}确定的,其他截面由于弯矩小,最大应力都未达到许用应力值,材料未得到充分利用。为了充分发挥材料的潜力,在弯矩较大处采用较大截面,而在弯矩较小处采用较小截面。这种横截面沿梁轴线变化的梁称为变截面梁。若变截面梁各横截面上的最大正应力都恰好等于材料的许用应力,称为等强度梁。

$$W_z(x) = M_z(x)/[\sigma]$$

从强度观点看,等强度梁是最理想的,但因截面变化,这种梁的施工较困难。因此,在工程上常采用形状简单的变截面梁来代替理论上的等强度梁。例如,在房屋建筑中的阳台及雨篷挑梁,如图4-24所示,梁的截面高度是变化的,自由端较小,固定端较大。

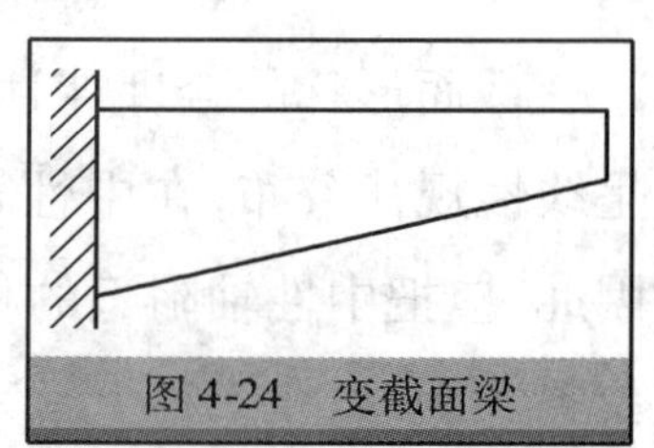
图4-24 变截面梁

二 实例

(1)在举世瞩目的2008年北京奥运会上,中国运动健儿参加体操比赛,勇夺单、双杠金牌,如图4-25所示。很显然,双杠产生了弯曲变形。

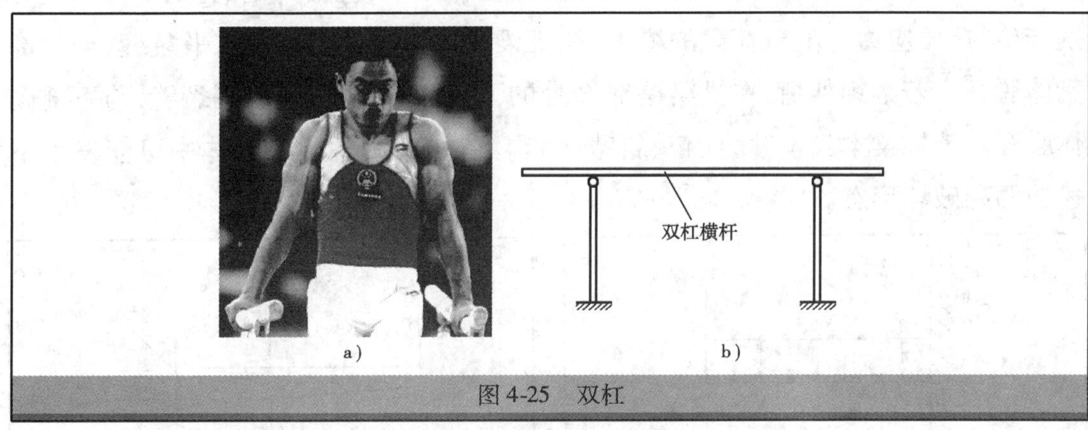

图4-25　双杠

(2)建筑阳台挑梁受力分析与施工常见问题。

建筑施工乃至加固领域中,经常可遇到悬臂梁结构。因为悬臂梁在整个结构体系中受力的特殊性,所以一旦出现质量问题,对整幢建筑物将构成极大的威胁。由于悬臂结构处于室外,常常受到雨水、二氧化碳等的直接侵蚀,且因为使用原因,荷载也存在一定的不确定性,所以一旦出现裂缝,将极有可能进一步扩大,严重时将危及建筑物的安全。

下面以建筑阳台挑梁为例对悬臂梁进行受力分析(图4-26):

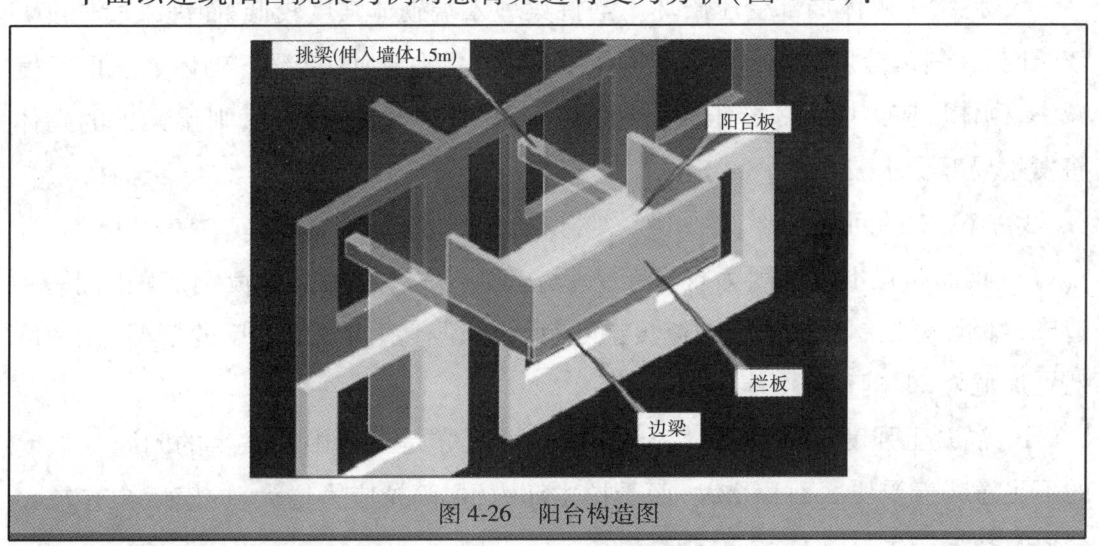

图4-26　阳台构造图

①挑梁的受力特征及破坏形态。

绘制挑梁的计算简图,见图4-27。根据内力分析,可知挑梁悬臂部分为负弯矩,梁的上侧受拉,在设计时,纵向受力钢筋应布置在梁的上侧。

如图4-28所示挑梁,挑梁的嵌固部分承受着上部砌体及其传递下来的荷载作用,在下界面上存在着压应力。在外荷载 $\boldsymbol{F}$ 作用下,挑梁 A 处的上、下界面上分别产生拉、压应力。随着荷载的增大,在挑梁 A 的上界面将出现水平裂缝,与上部砌体脱开。若继续加荷,在挑梁尾部 B 处的下表面,也将出现水平裂缝,与下部砌体脱开。若挑梁本身承载力(正、斜截面)得到保证,则挑梁在砌体中可能发生下述的两种破坏形态。

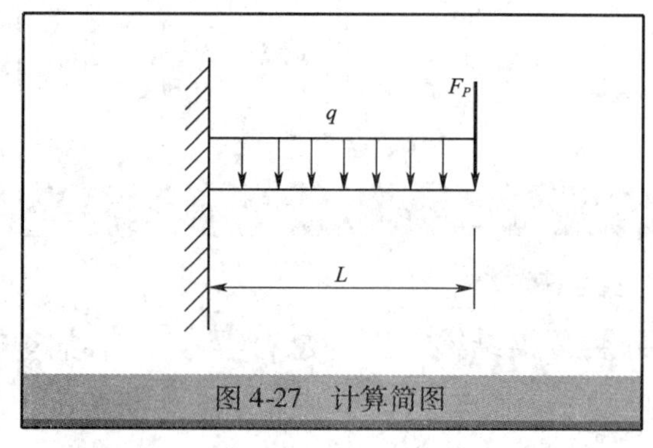

图4-27 计算简图

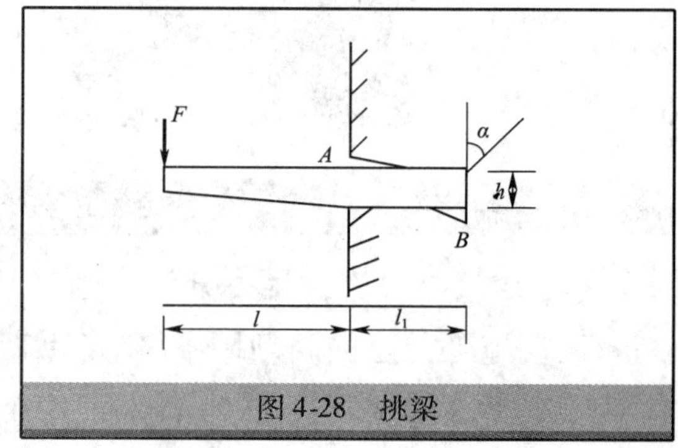

图4-28 挑梁

a. 挑梁倾覆破坏。当挑梁埋入端砌体强度较高,而埋入段长度 l_1 较短时,就可能在挑梁尾端处角部砌体中产生阶梯形斜裂缝。当斜裂缝继续发展,如斜裂缝范围内砌体及其他上部荷载不足以抵抗挑梁的倾覆,挑梁即产生倾覆破坏。

b. 挑梁下砌体局部受压破坏。当挑梁埋入端砌体强度较低,而埋入段长度 l_1 较长时,在斜裂缝发展的同时,下界面水平裂缝也在延伸,挑梁下砌体受压区长度减小,砌体压应力增大。若压应力超过了砌体的局部抗压强度,则挑梁下的砌体将发生局部受压破坏。

②施工中的问题。

a. 钢筋布置不当。因为现场工人操作时容易将悬挑梁的负钢筋踩踏下去,造成梁板计算控制截面的有效高度减小;此外,还有钢筋位置配反的情况,此种情况更加危险,拆模时将可能坍塌。

b. 混凝土强度不够及尺寸不足。这种情况亦是工程中易发生的问题。强度的不足意味着受压区面积增大,而受拉主筋力,主筋拉应力增大,拆模后会有较大变形及裂缝产生,从而形成安全隐患。

c. 其他原因。在施工过程中，钢筋的少配或误配，材料使用不当或失误（例如随意用光圆钢筋代替，使用劣质水泥，未经设计或验算随便套用其他混凝土配合比等），都将影响构件的质量。

（3）观察图4-29，梁下部跨中使用4根钢筋，下部端部只使用两根钢筋；梁上部跨中使用两根钢筋，上部端部却使用4根钢筋；梁中部箍筋间距较大，梁端部箍筋间距较小。想一想，为什么？

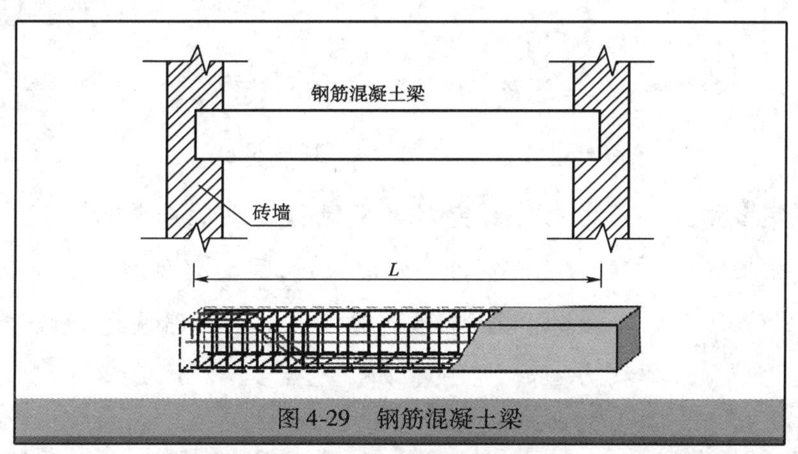

图4-29　钢筋混凝土梁

分析：如图4-30所示，观察梁的弯矩图和剪力图可知，梁的跨中弯矩较大，在跨中截面下边缘产生最大拉应力，因此需在该处配置较多的钢筋用来抵抗拉应力。梁端部弯矩减小，相应的拉应力减小，则可以减少钢筋用量。梁上边缘跨中主要是弯矩产生的压应力，由混凝土承担，所以只需配置起骨架作用的架立钢筋。根据梁的剪力分布图，梁两端靠近支座的剪力大，跨中剪力小，梁内箍筋主要用来抵抗剪力，因此箍筋中部间距大，梁端部间距小。

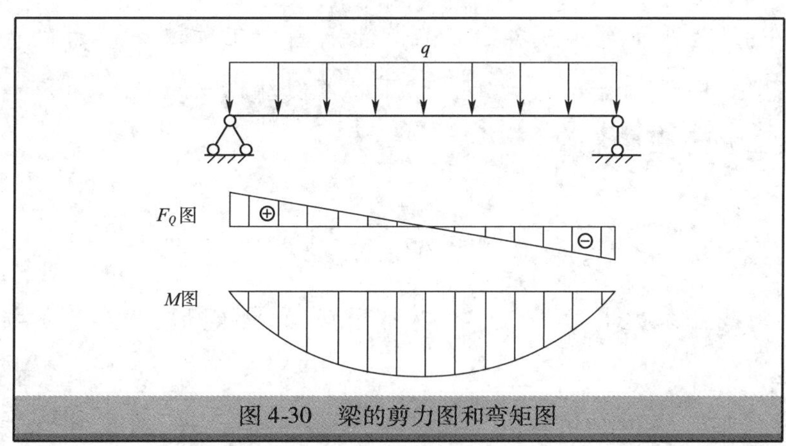

图4-30　梁的剪力图和弯矩图

单元小结

平面弯曲是杆的基本变形形式之一。对受弯构件进行内力分析和作内力图是重要内容,在梁的计算中尤其重要,应熟练掌握。

(1)梁平面弯曲时的内力(剪力 $\boldsymbol{F}_Q$ 和弯矩 $\boldsymbol{M}$)的计算方法有截面法和简易计算法。

$$F_Q = \sum F_{左} \quad 或 \quad F_Q = \sum F_{右}$$

$$M = \sum M_{C左} \quad 或 \quad M = \sum M_{C右}$$

其中规定截面上的剪力有使研究对象顺时针转动的趋势时为正,反之为负;截面上的弯矩使研究对象产生向下凸的变形为正,反之为负。

(2)运用弯矩及剪力图的作图规律和叠加法,可准确快速地作出梁的内力图。应用这两种方法作内力图时,应注意如下几点:

①重视校核支座反力的正确性。

②注意分段。支座处,集中力、集中力偶的作用点,分布荷载的起止点等都是分段点。

③计算截面内力时要正确判断内力的正负号。

(3)梁的最大正应力的计算公式为:

$$\sigma_{max} = \frac{My_{max}}{I_z}$$

适应条件:产生平面弯曲的梁,且在弹性范围内工作。正应力的大小沿截面高度呈线性变化,中性轴上各点为零,上、下边缘处最大。

(4)梁的正应力强度条件为:

$$\sigma_{max} = \frac{M}{W_z} \leqslant [\sigma]$$

其中,抗弯截面系数 $W_z = I_z / y_{max}$。对常用截面,如矩形、圆形等的抗弯截面系数应熟练掌握。

(5)梁的变形可根据常用梁在简单荷载下的变形曲线,采用叠加法定性进行分析。计算时应注意:

①将梁上复杂荷载分成几种简单荷载时，要能直接应用现成的计算图（表4-7）。

②通过画出每一简单荷载单独作用下的挠曲线大致形状，从而直接判断挠度和转角的正负号，然后叠加。

对于以上这些概念、方法、公式，要会运用，并理解、熟记。

自我检测

一、判断题

1. 梁发生平面弯曲的必要条件是至少具有一纵向对称面，且外力作用在该对称平面内。（　　）

2. 在集中力作用下的悬臂梁，其最大弯矩必发生在固定端截面上。（　　）

3. 作用在梁上的顺时针转动的外力偶矩所产生的弯矩为正，反之为负。（　　）

4. 若梁在某一段内无荷载作用，则该段的弯矩图必定是一直线段。（　　）

二、填空题

1. 梁上没有均布荷载作用的部分，剪力图为________线，弯矩图为________线。

2. 梁上有均布荷载作用的部分，剪力图为________线，弯矩图为________线。

3. 已知如图所示4种情况，其中截面上弯矩为负、剪力为正的是________。

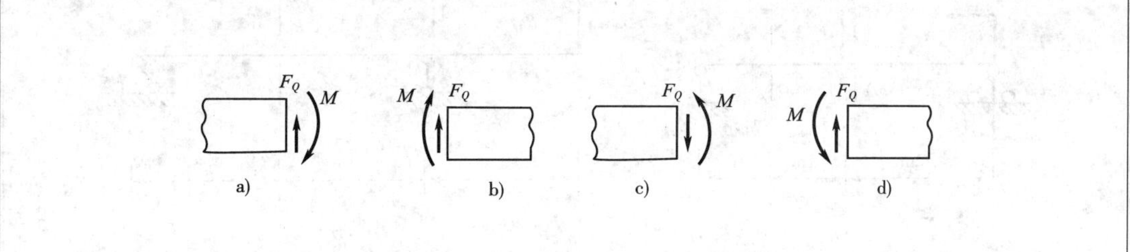

三、选择题

1. 梁在集中力作用的截面处，则（　　）。

A. F_Q 图有突变，M 图光滑连续　　B. F_Q 图有突变，M 图有折角

C. M 图有突变，F_Q 图光滑连续　　D. M 图有突变，F_Q 图有折角

2. 梁在集中力偶作用的截面处，则（　　）。

A. F_Q 图有突变，M 图无变化　　B. F_Q 图有突变，M 图有折角

C. M 图有突变，F_Q 图无变化　　D. M 图有突变，F_Q 图有折角

3. 梁在某截面处 $F_Q=0$，则该截面处弯矩有（　　）。

A. 极值　　B. 最大值　　C. 最小值　　D. 有零值

4. 梁在某一段内作用向下的分布载荷时则在该段内 M 图是一条（　　）。

A. 上凸曲线　　B. 下凸曲线

C. 带有拐点的曲线　　D. 斜直线

四、作图题

1. 利用简易计算法求下列各梁指定截面上的剪力 F_Q 和弯矩 M。

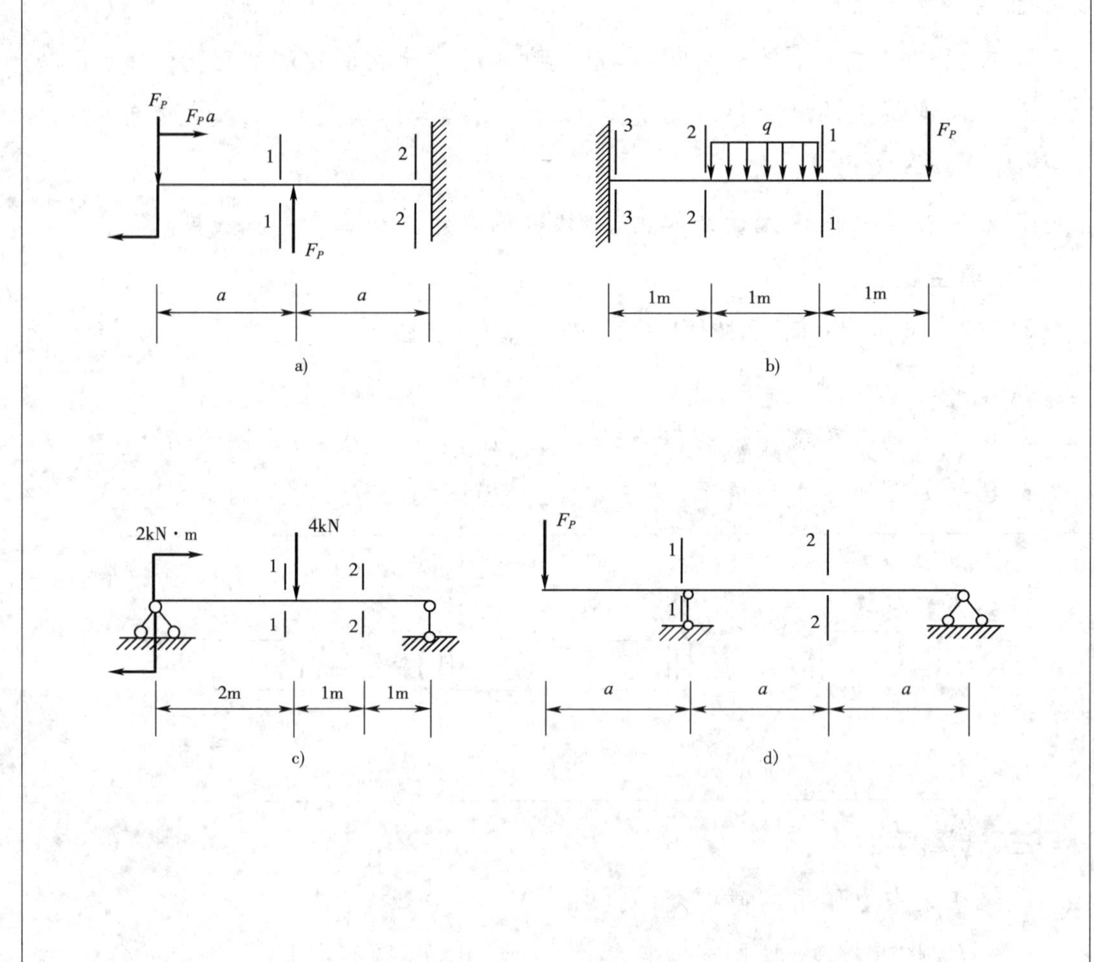

2. 利用规律作出下列各梁的剪力图和弯矩图。

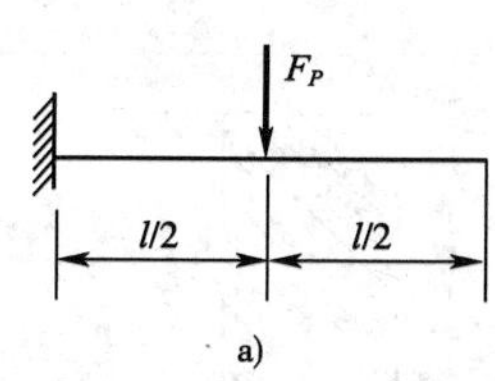

a)

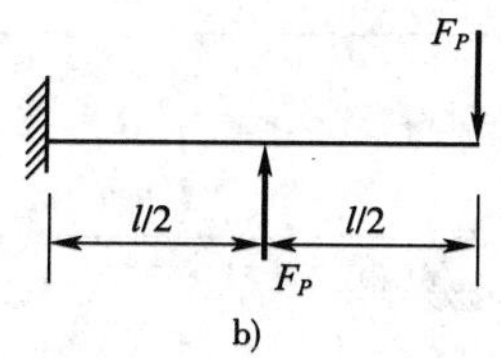

b)

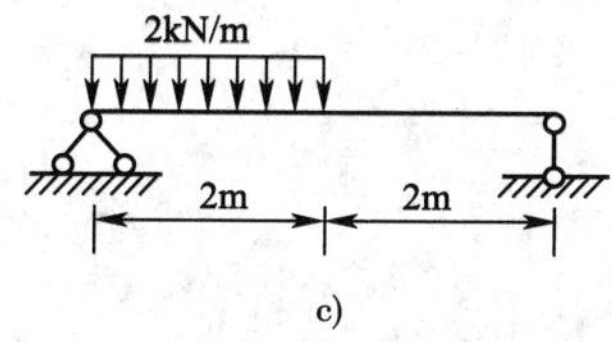

c)

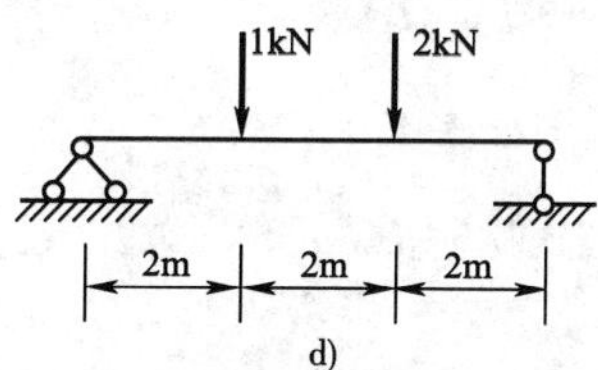

d)

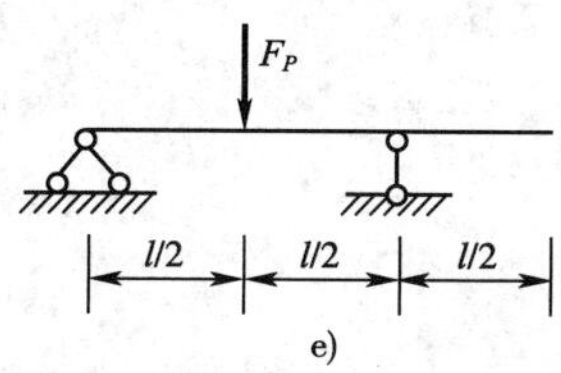

e)

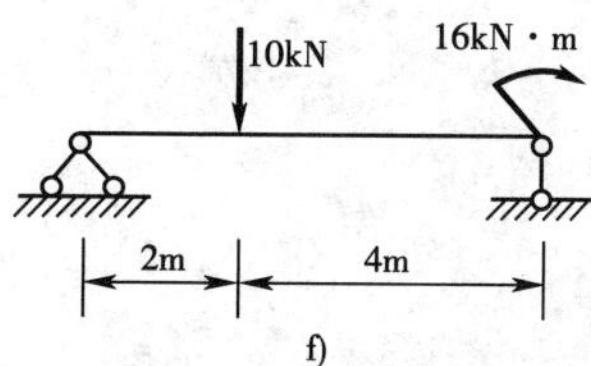

f)

五、计算题

已知：矩形外伸梁如图所示。

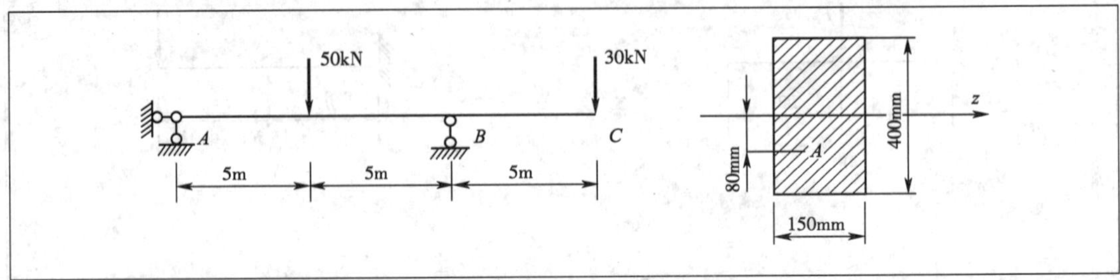

试求：(1) 梁的最大弯矩截面中 *A* 点的弯曲正应力；

(2) 该截面的最大弯曲正应力。

单元 5

受压构件的稳定性

受一定荷载作用的构件要求其能正常工作,除了前述我们所讲过必须具有的足够的强度、必要的刚度之外,对于受压构件,还必须具有足够的稳定性。

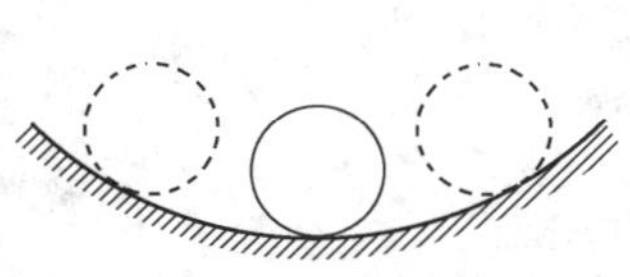
a)稳定平衡状态

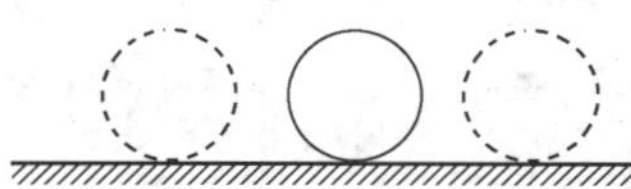
b)随遇平衡状态

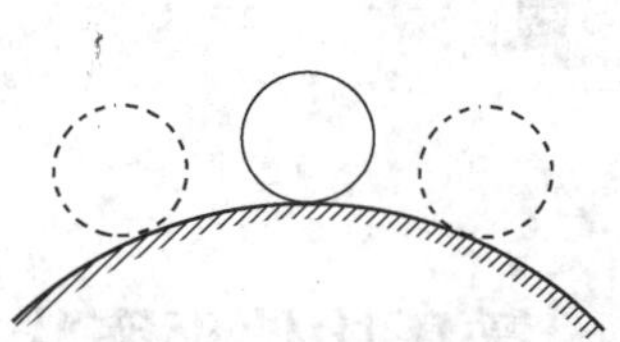
c)不稳定平衡状态

受压构件的稳定性

5.1 受压构件平衡状态的稳定性

本节主要介绍压杆稳定的概念、压杆平衡状态的稳定性、临界力、临界应力及计算。

想一想

如图 5-1 所示，一压杆(长 30cm，直径约 2mm)的一端插入了一块木板上，当作用在顶端的荷载 **F** 逐渐增大时，请读者想一想，压杆发生了什么改变？

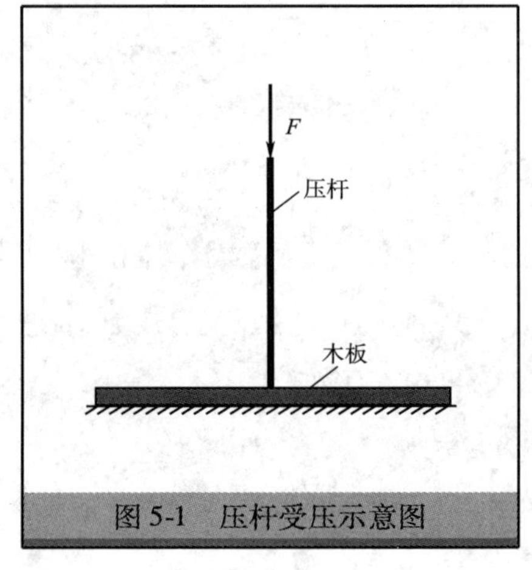

图 5-1 压杆受压示意图

学一学

一 受压构件平衡状态的三种情况

如图 5-2a 所示，我们可以看到当压力 F 小于某一值(设为 F_{cr})时，压杆的直线状态是一直是不变的，虽然在侧向施加一干扰力后，压杆会变弯，但干扰力消失后，压杆会恢复原有的直线状态，我们把这种直线平衡状态称为稳定的平衡状态。如图 5-3a)中的圆球。

当 F 逐渐增大，并大于某一值 F_{cr}时，压杆便出现偏离原有的直线位置而弯曲的形态，如图 5-2b)所示，即使撤销干扰力，也不能恢复原来的直线状态，这说明刚才那种状态是不稳定的;我们把该种状态称为是不稳定的平衡状态,如图 5-3c)中的圆球。

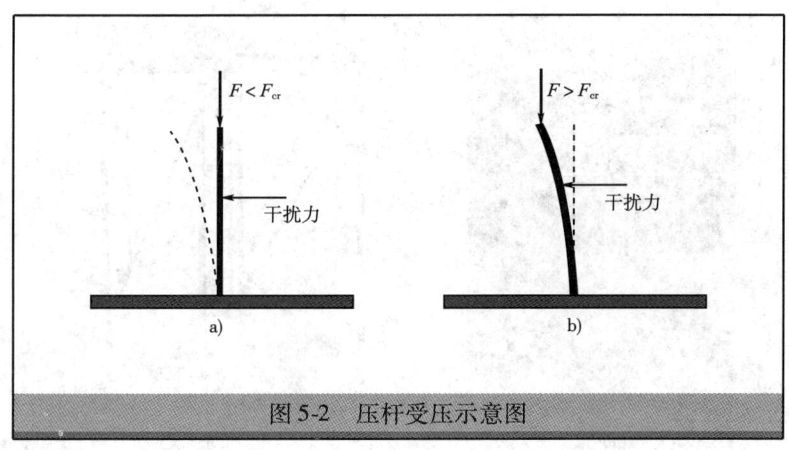

图 5-2　压杆受压示意图

其界限值 F_{cr} 就称为临界压力或临界力。当 $F=F_{cr}$ 时,压杆就处于一种临界的平衡状态(或随遇平衡状态)。如图 5-3b)中的圆球。

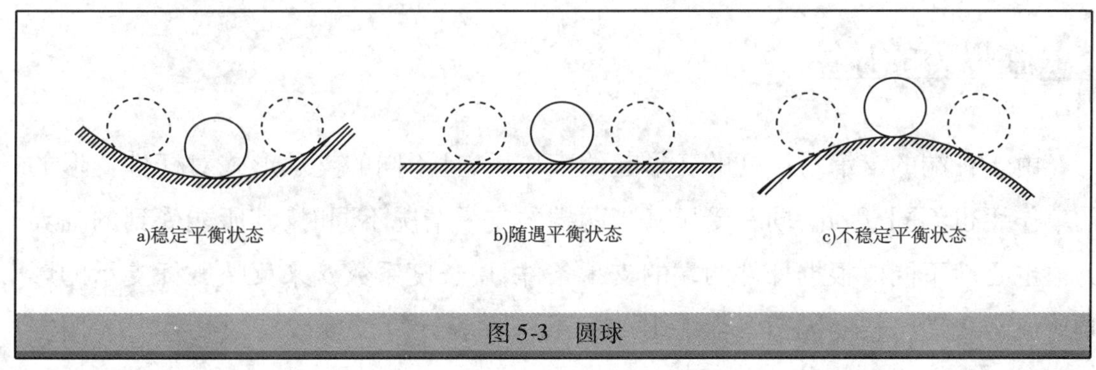

图 5-3　圆球

上面的现象说明,当压力 F 逐渐增大的过程中,压杆由稳定的平衡状态转变为不稳定的平衡状态,这种现象就称为丧失稳定,或简称失稳。

在工程中,受压杆件是不允许产生失稳的。

二 案例

图 5-4a)就是土木工程中常用的门式脚手架,单层如图 5-4b),四根粗的圆柱就是受压的杆件。为了防止失稳,案例中采取了一些措施(稍后在影响受压构件稳定性的因素中讨论),从而提高了它的稳定性。

虽然如此，当承受的荷载达到或超过某一值（即临界力）时，这些圆柱仍会发生失稳。

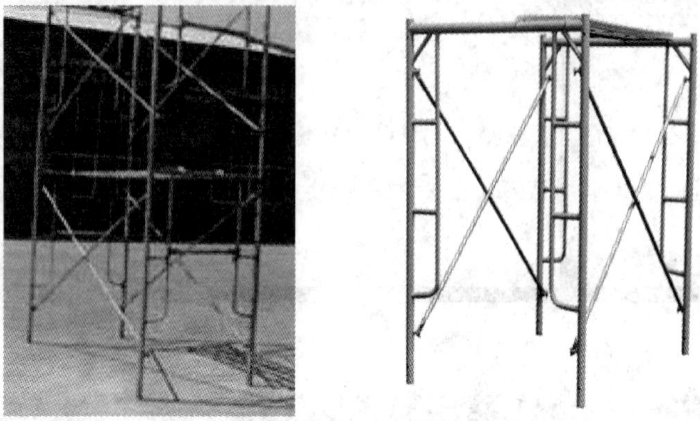

a) b)

图 5-4 门式脚手架

三 临界力的计算

由于杆端的支承对压杆的变形起约束作用，且不同的支承形式对杆件变形的约束作用也不同，因此，同一受压杆当两端的支承情况不同时，其所能受到的临界力值也必然不同。根据杆件两端的支承条件，用长度系数 μ 来反映压杆支承的影响。通常我们将长度因数 μ 与杆长 l 的乘积称为计算长度或有效长度。常用支承情况的长度系数 μ 见表 5-1。

常用支承情况的压杆长度系数 μ 表 5-1

支承情况	两端铰支	一端固定，一端铰支	两端固定	一端固定，一端自由
μ 值	1.0	0.7	0.5	2
挠曲线形状	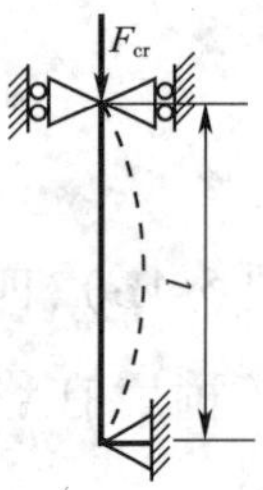	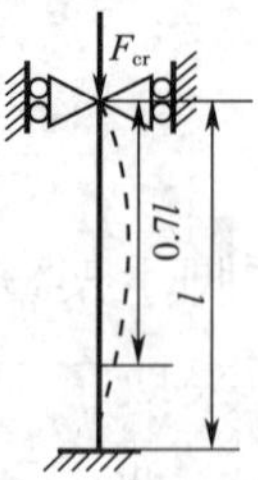	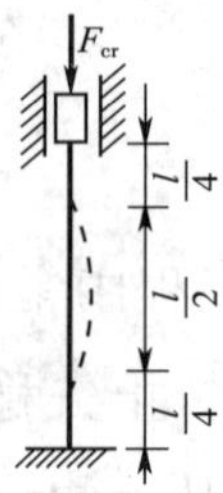	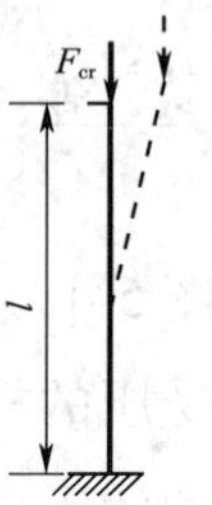

临界力的大小可由欧拉公式式(5-1)算出：

$$F_{cr} = \frac{\pi^2 EI}{(\mu l)^2} \tag{5-1}$$

式中：π——圆周率；

E——材料的弹性模量；

l——杆件的长度；

I——杆件截面对形心轴的惯性矩，当杆端在各方向的支承情况相同时，惯性矩应取截面的最小惯性矩。

四 临界应力

临界应力用 σ_{cr} 表示：

$$\sigma_{cr} = \frac{F_{cr}}{A} = \frac{\pi^2 EI}{A(\mu l)^2} = \frac{\pi^2 EI/A}{(\mu l)^2}$$

令：$i^2 = A/I$，i 为截面的惯性半径，则有：

$$\sigma_{cr} = \frac{\pi^2 E/i^2}{(\mu l)^2} = \frac{\pi^2 E}{\left(\frac{\mu l}{i}\right)^2}$$

再令 $\lambda = \frac{\mu l}{i}$，则有：

$$\sigma_{cr} = \frac{\pi^2 E}{\lambda^2} \tag{5-2}$$

其中 λ 称为压杆的长细比或柔度。

五 大柔度杆(或细长杆)与中、小柔度杆

我们把满足下式的压杆称为大柔度杆或细长杆，否则称为中、小柔度杆。

$$\lambda_p \geqslant \pi \sqrt{\frac{E}{\sigma_p}} \tag{5-3}$$

式中：π——圆周率；

E——材料的弹性模量；

σ_p——材料的比例极限。

单元5 受压构件的稳定性

只有大柔度杆或细长杆才能使用欧拉公式计算临界力或临界应力。中、小柔度杆则要用其他公式,本书不作讨论,有兴趣的读者可参考有关书籍。

【例 5-1】 如图 5-5 所示压杆,截面形状为圆形,直径 $d=160\text{mm}$,材料为 Q235 钢,弹性模量 $E=200\text{GPa}$。试按欧拉公式计算临界力和临界应力。

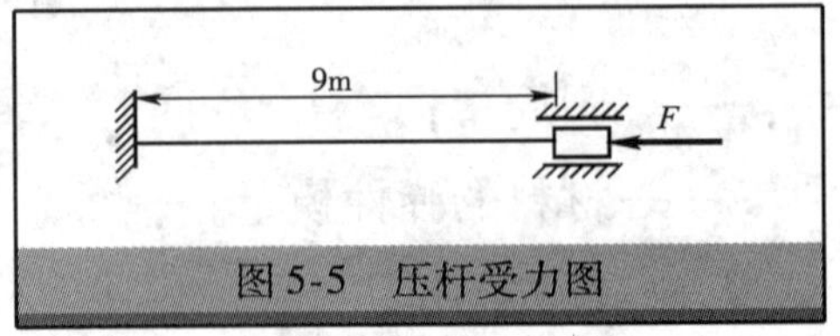

图 5-5 压杆受力图

解: 压杆为两端固定,其长度系数为 0.5。

由欧拉公式得:

临界力

$$F_{cr}=\frac{\pi^2 EI}{(\mu l)^2}$$

$$=\frac{3.14^2\times200\times10^9\times\frac{3.14\times0.016^4}{64}}{(0.5\times9)^2}$$

$$\approx3.131\times10^6\text{N}$$

$$\approx3\ 131\text{kN}$$

临界应力为:

$$\sigma_{cr}=\frac{F_{cr}}{A}=\frac{3.13\times10^6}{3.14\times80^2}=155.8\ \text{MPa}$$

练一练

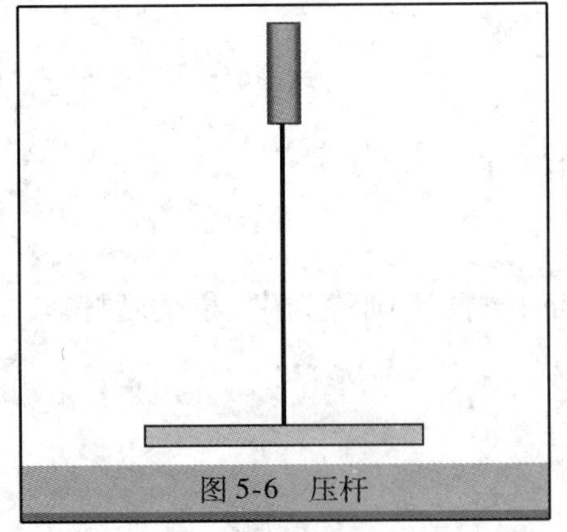
图 5-6 压杆

如图 5-6 所示压杆,长为 200mm,截面形状为圆形,直径 $d=2\text{mm}$,材料为 Q235 钢,弹性模量 $E=200\text{GPa}$。试按欧拉公式计算其临界力。

5.2 影响受压构件稳定性的因素

压杆临界力的大小，反映了压杆稳定性的高低。因此，提高压杆稳定性的关键在于提高压杆的临界力。

想一想

如果我们把图5-1中的压杆长度改成20cm，甚至更短，结果会怎样呢？

学一学

上面想一想的结果是：构件的临界力大大提高了，因此，我们可根据欧拉公式，把影响受压构件稳定性的因素概括成以下几个方面：

1 受压构件（压杆）杆端的约束

由欧拉公式可知，压杆的临界力与其长度因素的平方成反比。若能改善压杆杆端的约束就能减小压杆的长度因素，要知道最大长度因素是最小长度因素的4倍，因此改善压杆杆端的约束是提高压杆稳定性的重要措施之一。如图5-7b）所示。

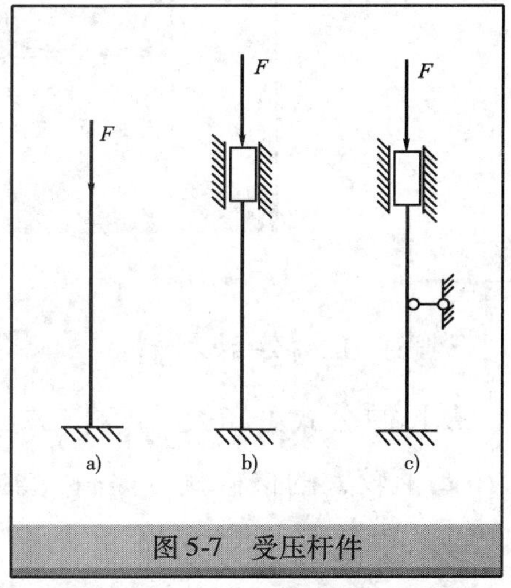

图5-7　受压杆件

在图5-4b）中的脚手架就是通过斜向杆和短横向杆来减小其长度因素 μ 的。

2 受压构件(压杆)的长度

由欧拉公式可知,压杆的临界力与其长度的平方成反比。若能缩短压杆的长度,对提高压杆的临界力是非常显著的。当无法缩短压杆的长度时,也可考虑在压杆的中部增加若干约束,把一根变为若干根压杆。如图5-7c)所示。

3 受压构件的截面形状

欧拉公式中 I 是指截面的最小惯性矩,因此要避免采用截面最大惯性矩与最小惯性矩相差较大的截面,如工字形截面、狭长的矩形截面等。另外,在截面面积相同的条件下要尽量使材料远离形心轴,即尽量使用空心的截面。如图5-8所示。

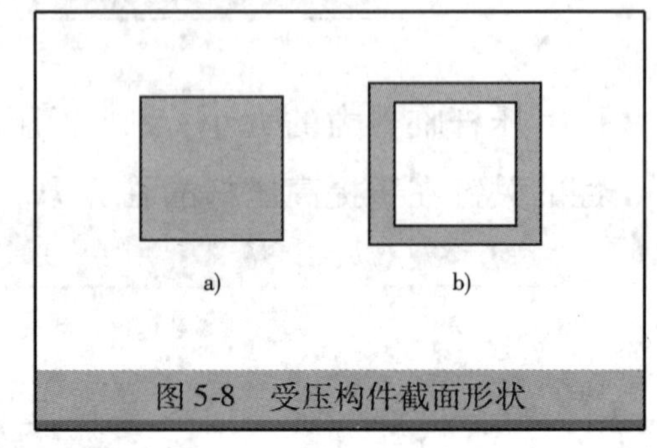

图5-8 受压构件截面形状

若是组合的截面也应遵循这个原则,如截面是由两槽钢组成,则采用如图5-9a)的布置,而不能像图5-9b)那样。

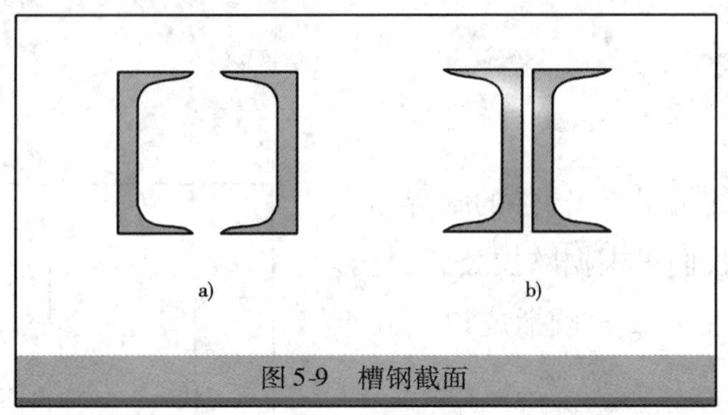

图5-9 槽钢截面

4 受压构件的材料

从欧拉公式可知大柔度杆(或细长杆)的临界力与弹性模量 E 成正比。因此选择 E 值较大的材料就可提高大柔度杆的稳定性。

5 受压构件的质量

在实际工程中,受压构件的制造工艺、方式多种多样,不同的工艺、方式都会影响构件的质量;千里之堤,毁于蚁穴,只有采用质量优良的构件才能为其稳定性提供保障。

5.3 受压构件失稳案例

本节主要介绍,在工程史上曾发生过的由于受压长杆的突然弯曲破坏导致整个结构毁坏的事故。

[案例1]

在一百多年前(1907 年 8 月),加拿大圣劳伦斯河上的魁北克大铁桥(Quebec Bridge)桁架中的一根受压弦杆突然失稳弯曲,引起大桥坍塌(图 5-10),使 19 000t 钢材和 86 名建桥工人落入水中,最终只有 11 人生还。

图 5-10 魁北克桥坍塌事故现场图

[案例2]

1995 年 6 月 29 日 18:00,韩国首尔瑞草区突然传来一阵震天动地的轰鸣声,闻名遐迩的三丰百货大楼在瞬间倒塌了。当时正是营业时间,楼内有 1 000 多名顾客,刹那间近千人被埋于瓦砾之下,最终造成 502 人死亡, 937 人受伤。三丰百货大楼建于 1989 年,地下 4 层,地上 5 层,楼上第 1 层至第 4 层为百货营业大厅,第 5 层为餐厅,地下一层也是营业厅,地下 2 层至地下 4 层为停车场。该停车场是于 1994 年 10 月扩建的,由于盲目扩建、加层,致使大楼 4 ~5 层立柱不堪重负而产生失稳破坏,从而造成大楼倒塌,如图 5-11 所示。

图 5-11 三丰百货大楼倒塌事故现场图

［案例 3］

2009 年 6 月 30 日,杭州市临安某大酒店脚手架因荷载超重而产生失稳坍塌,事故造成 2 死 5 伤,见图 5-12。

图 5-12 杭州临安大酒店倒塌事故现场图

［案例 4］

2009 年 7 月 12 日,印度首都新德里的一座在建地铁高架桥突然发生坍塌事故,导致 5 名工人遇难,15 人受伤。德里地铁公司(DMRC)发言人称,一根支撑桥墩突然倒塌,造成事故发生事故原因没有最后确定,但桥墩是受压构件,导致失稳破坏的压力比发生强度不足破坏的压力要小得多,因此桥墩失稳破坏的可能性较大,如图 5-13 所示。

图 5-13 新德里在建地铁高架桥倒塌事故现场图

［案例 5］

2010 年 1 月 12 日,安徽芜湖市华强文化科技产业园配送中心工地在混凝土浇注过程中发生脚手架倒塌事故,造成 8 人死亡。这也是失稳惹的祸,见图 5-14。

图 5-14 脚手架倒塌事故现场图

从上面众多的案例中，我们可以看到生命如此脆弱的同时，也可看到受压的构件也有软弱（失稳）的时候。稳定压倒一切，压杆也不例外；否则，一失稳便成千古恨。

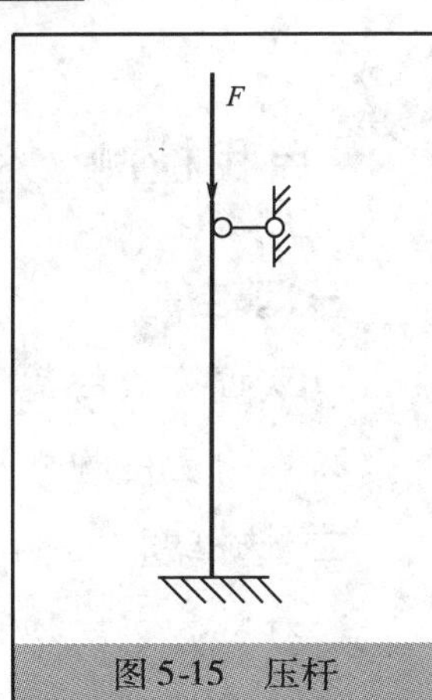

图 5-15 压杆

【例 5-2】 图 5-15 所示的压杆，长为 4m 的工字钢，材料为 Q235 钢，型号为 20a。弹性模量 $E=200\text{GPa}$。试计算其柔度和临界应力。

解：由图可知 $\mu=0.7$

查附录 2 可得 I_{20a} 的几何参数如下：

$$I_x=2370\text{cm}^4, I_y=158\text{cm}^4$$

$$i_x=8.15\text{cm}, i_y=2.12\text{cm}$$

（1）柔度

两个 i 值中取最小值的进行计算。

$$\lambda=\frac{\mu l}{i}=\frac{0.7\times 4}{2.12\times 10^{-2}}=132.1$$

（2）临界应力

$$\sigma_{\text{cr}}=\frac{\mu^2 E}{\lambda^2}=\frac{3.14\times 200\times 10^3}{132.1^2}=113\ \text{MPa}$$

单元小结

一、知识结构

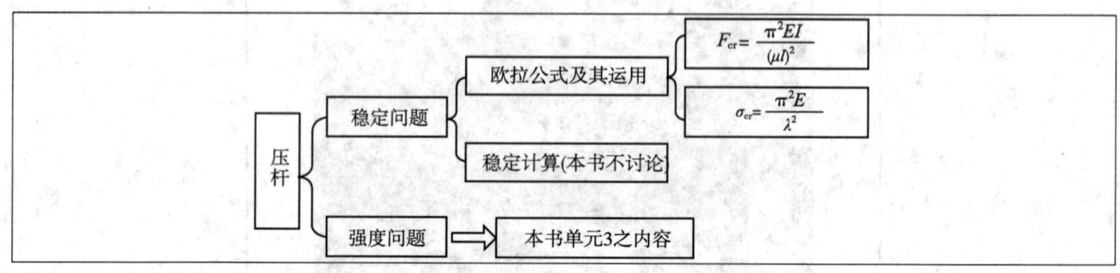

二、概括

对于压杆的稳定计算,本章由于篇幅所限,本书不讨论,只介绍了欧拉公式及其运用,对于更多的稳定问题,读者可参考有关书籍。

自我检测

一、填空题

1. 欧拉公式的适用范围是＿＿＿＿＿＿＿＿。

2. 影响受压构件稳定性的因素有＿＿＿＿＿＿＿＿＿＿＿＿＿＿＿＿＿＿＿＿＿＿＿＿。

二、选择题

1. 材料和柔度均相同的两根压杆(　　)。

A. 临界力一定相等,临界应力不一定相等

B. 临界力不一定相等,临界应力一定相等

C. 临界力和临界应力都一定相等

D. 临界力和临界应力都不一定相等

2. 由两根槽钢组成的压杆,截面形状如右图a)、b)所示,则在这两种情况下正确的是(　　)。

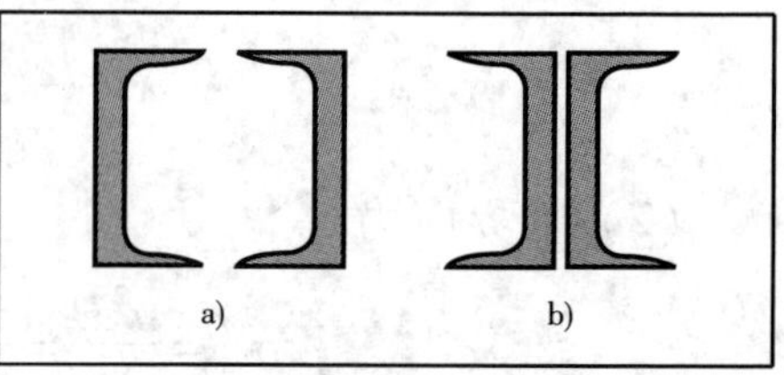

A. 稳定性相同,强度不同

B. 稳定性不同,强度相同

C. 稳定性、强度都不同

D. 稳定性、强度都相同

三、计算题

试计算图示压杆的临界力和临界应力。截面形状为圆形，直径 $d=100\text{mm}$。材料的弹性模量 $E=200\text{GPa}$。

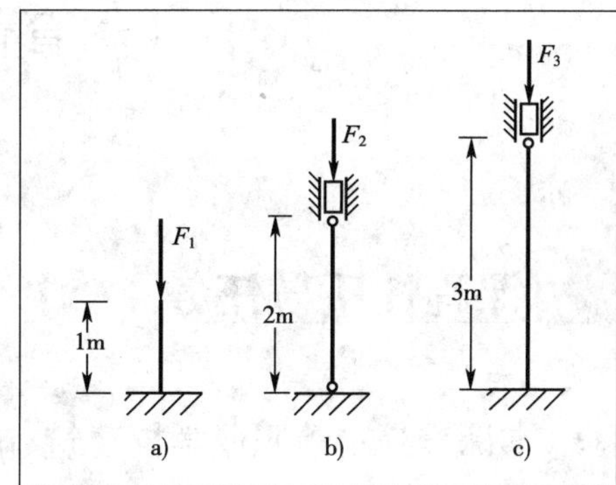

附录1　中等职业学校《土木工程力学基础》教学大纲

（教育部2009年颁布）

一　课程性质与任务

本课程是中等职业学校建筑、市政、道路桥梁、铁道、水利等土木工程类相关专业的一门基础课程。其任务是:使学生掌握土木工程类专业必备的力学基础知识和基本技能,初步具备分析和解决土木工程简单结构、基本构件受力问题的能力,为学习后续专业技能课程打下基础;对学生进行职业意识培养和职业道德教育,使其形成严谨、敬业的工作作风,为今后解决生产实际问题和职业生涯的发展奠定基础。

二　课程教学目标

使学生初步具备对土木工程简单结构和基本构件进行受力分析的能力;能运用平衡方程解决基本构件的平衡问题;能绘制直杆轴向拉伸、压缩内力图和直梁弯曲内力图;具备利用正应力强度条件进行直杆拉伸、压缩及直梁弯曲强度校核的基本计算能力;了解受压构件的稳定性问题及土木工程简单结构的内力特点。

能对土木工程简单结构、基本构件进行简化,并绘制出相应的计算简图,初步具备建模能力;能用力学知识分析、解决生活和土木工程中的简单力学问题。具备良好的职业道德,养成严谨细致的工作态度;树立安全生产、节能环保和产品质量等职业意识。

三　教学内容结构

教学内容由基础模块和选学模块两部分组成。

1. 基础模块中未标注“＊”的内容是各专业学生必修的基础性内容和应该达

到的基本要求。

2. 基础模块中标注“＊”的内容和选学模块，为较高要求及适应不同专业、地域、学校差异的选修内容。

3. 土木、水利非施工类（如建筑装饰、水电设备安装等）专业可采用少学时（44～62 学时）组织教学；土木、水利施工类（如建筑施工、道路桥梁工程施工等）专业可采用多学时（62～72 学时）组织教学。

四 教学内容与要求

基础模块

教学单元	教学内容	教学要求与建议
力和受力图	力的基本知识	通过实验观察和生活实例，理解力的概念、力的两种作用效应，了解力的三要素
	静力学公理	了解力的平衡的概念； 会二力平衡公理、作用与反作用公理，能对两个公理进行比较，会对基本构件进行受力分析； 了解平行四边形法则、加减平衡力系公理
	约束与约束反力	了解约束与约束反力的概念； 能对工程中常用基本构件的约束进行简化，能运用教具或多媒体课件等分析常见约束的约束性质及约束反力方向； ＊通过约束的简化分析，体会力学模型的作用，获得探索问题的科学方法
	受力图	了解分离体、受力图的概念； 能画单个物体的受力图； ＊能绘出简单物体系统的受力图

续上表

教学单元	教学内容	教学要求与建议
平面力系的平衡	力的投影	能计算力在直角坐标轴上的投影
	平面汇交力系的平衡	了解力系的概念及平面一般力系的分类; 能运用平面汇交力系平衡方程计算简单的平衡问题
	力矩	了解力矩的概念,理解力矩的性质; 能计算集中力、线荷载的力矩
	*力偶	了解力偶的概念,理解力偶的性质,能计算力偶矩; 了解平面力偶系的平衡条件
	平面一般力系的平衡	了解平面一般力系的平衡条件,理解平面一般力系平衡方程的两种形式; 能运用平衡方程计算单个构件的平衡问题; *能运用平衡方程计算简单物体系统的平衡问题
直杆轴向拉伸和压缩	杆件四种基本变形及组合变形	通过实验观察,认识工程中常见的四种基本变形的受力和变形特点; *了解工程中构件的组合变形是基本变形的叠加
	直杆轴向拉、压横截面上的内力	了解内力的概念; 通过讨论理解轴力方向与横截面的关系,了解轴力正负号的规定; 了解计算内力的基本方法——截面法,能计算轴力,会绘制轴力图
	直杆轴向拉、压横截面的正应力	了解应力、正应力的概念; 通过实验演示,理解正应力在横截面上的分布规律; 能应用公式计算正应力
	直杆轴向拉、压的强度计算	了解许用应力的概念; 可通过工程见习或采用多媒体等,会运用强度条件解决实际工程中的强度校核问题,培养观察能力与解决实际问题的能力; *会运用强度条件解决实际工程中的截面设计和确定许用荷载问题
	*直杆轴向拉、压的变形	通过生活实例了解弹性变形、塑性变形的概念,了解胡克定律的两种形式
	直杆轴向拉、压在工程中的应用	能运用直杆轴向拉伸与压缩的知识,对工程中的构件进行定性分析; *了解动荷载作用对轴向受拉构件的影响

续上表

教学单元	教学内容	教学要求与建议
直梁弯曲	梁的形式	通过观察工程实例或采用多媒体等，认识简支梁、外伸梁和悬臂梁，并会画出相应简图
	梁的内力	理解剪力、弯矩的概念，了解其正负号规定； ＊通过截面法求剪力、弯矩，了解剪力与弯矩的计算规律，并能运用规律计算梁指定截面的内力
	梁的内力图——剪力图与弯矩图	了解剪力图、弯矩图的概念及其绘制规定； 通过对简单荷载作用下梁的内力图的讨论，总结出梁的内力图规律，能利用规律绘制梁的内力图，培养探究与创新精神
	梁的正应力及其强度条件	通过实验，理解对称截面上的正应力分布规律； ＊理解非对称截面上的正应力分布规律； 了解矩形和圆形截面二次矩、抗弯截面系数，了解正应力计算公式； 能运用正应力强度条件解决工程实际中基本构件的强度校核； ＊能运用正应力强度条件解决工程实际中的截面设计和确定许用荷载
	梁的变形	了解挠度的概念； ＊了解简单荷载作用下梁的最大挠度所在的位置及其影响因素
	直梁弯曲在工程中的应用	能运用直梁弯曲知识，通过案例的定性分析，初步解决工程中的实际问题，培养岗位综合职业能力； ＊了解动荷载作用对直梁弯曲的影响
受压构件的稳定性	受压构件平衡状态的稳定性	通过实验演示，理解构件失稳的概念； 了解受压构件平衡状态的三种情况
	影响受压构件稳定性的因素	能运用临界力公式分析影响受压构件稳定性的因素，了解提高受压构件稳定性的措施
	受压构件的稳定性问题	分析典型工程中受压构件失稳的案例，了解受压构件稳定性问题的重要性

选学模块

教学单元	教学内容	教学要求与建议
工程中常见结构简介	平面结构的几何组成分析	了解几何不变、几何可变体系的概念； 了解铰接三角形规则，能运用该规则对简单的工程实例进行几何组成分析； 了解静定、超静定结构的概念
	工程中常见静定结构简介	结合工程实例，认识静定多跨梁、刚架、三铰拱、桁架的内力分布情况，了解相应的受力特征
	工程中常见超静定结构简介	结合工程实例，认识超静定梁、刚架的内力分布情况，了解相应受力特征，能对静定结构与超静定结构进行比较

五 教学实施

（一）学时安排建议

模　块	教学单元	建议学时数	
基础模块	力和受力图	8 ~ 12	44 ~ 62
	平面力系的平衡	12 ~ 16	
	直杆轴向拉伸和压缩	8 ~ 10	
	直梁弯曲	12 ~ 18	
	受压构件的稳定性	4 ~ 6	
选学模块	工程中常见结构简介	6 ~ 10	6 ~ 10

实行学分制的学校，可按 16 ~ 18 学时折合 1 学分计算。

（二）教学方法建议

1. 教学中应以学生为主体，引导学生对生活及工程实例进行观察和思考，理解力学概念，使学生通过实验、讨论、训练等实践活动，掌握力学基础知识和基本技能。

2. 教学应贴近工程施工实际，通过工程案例分析，提高学生的学习兴趣。教学中要突出实际应用，引导学生学会解决土木工程中简单的力学问题。

3. 应在土木工程力学基本技能训练过程中渗透职业意识和职业道德教育，使学生养成实事求是的科学态度和严谨细致的工作习惯。

（三）教材编写建议

教材编写应以本教学大纲为基本依据。

1. 应体现职业教育的特点，并适应不同教学模式的需求。

2. 在涵盖教学大纲规定的基本教学内容与要求的基础上，可根据施工类和非施工类等专业的不同侧重，编写相应的多学时教材和少学时教材，便于灵活使用。

3. 教材呈现形式上应图文并茂，符合中等职业学校学生的阅读心理与阅读习惯；名词术语、文字、符号、数字、公式、计量单位等运用要准确、规范、统一，符合我国相关标准与规范。

（四）现代教育技术的应用建议

应重视现代教育技术在教学中的应用，综合运用多媒体课件、虚拟仿真实训软件、电子试题库等数字化教学资源，创建适应个性化学习需求、强化实践技能训练的教学条件，对土木工程简单结构及基本构件的简化、内力分布、变形、承载力等进行分析，提高教学效率和质量，积极探索信息技术条件下教学模式和教学方法的改革。

六 考核与评价

1. 考核与评价应重点考核学生运用所学知识分析和解决土木工程简单结构、基本构件受力问题的能力，并关注良好的职业道德以及安全、环保、合作、创新等职业意识的养成等。

2. 考核与评价的主体应多元化，坚持教师评价与学生互评、自评相结合，过程性评价与结果性评价相结合，定量考核与定性描述相结合。

3. 可采用笔试、口试、实践性总结等相结合的方式进行综合评价。

附录 2　型钢规格表

热轧等边角钢（GB 9787—88）

附表 2-1

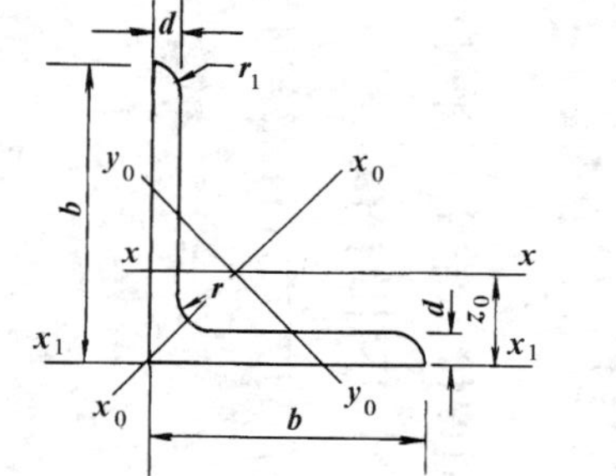

符号意义：

b-边宽度；　　I-惯性矩；

d-边厚度；　　i-惯性半径；

r-内圆弧半径；　　W-截面系数；

r_1-边端内圆弧半径；　　z_0-重心距离。

角钢号数	尺寸 (mm)			截面面积	理论质量	外表面积	参考数值										z_0
							$x-x$			x_0-x_0			y_0-y_0			x_1-x_1	
	b	d	r	(cm^2)	(kg/m)	(m^2/m)	I_x (cm^4)	i_x (cm)	W_x (cm^3)	I_{x0} (cm^4)	i_{x0} (cm)	W_{x0} (cm^3)	I_{y0} (cm^4)	i_{y0} (cm)	W_{y0} (cm^3)	I_{x1} (cm^4)	(cm)
2.0	20	3	3.5	1.132	0.889	0.078	0.40	0.59	0.29	0.63	0.75	0.45	0.17	0.39	0.20	0.81	0.60
		4		1.459	1.145	0.077	0.50	0.58	0.36	0.78	0.73	0.55	0.22	0.38	0.24	1.09	0.64
2.5	25	3		1.432	1.124	0.098	0.82	0.76	0.46	1.29	0.95	0.73	0.34	0.49	0.33	1.57	0.73
		4		1.859	1.459	0.097	1.03	0.74	0.59	1.62	0.93	0.92	0.43	0.48	0.40	2.11	0.76
3.0	30	3	4.5	1.749	1.373	0.117	1.46	0.91	0.68	2.31	1.15	1.09	0.61	0.59	0.51	2.71	0.85
		4		2.276	1.786	0.117	1.84	0.90	0.87	2.92	1.13	1.37	0.77	0.58	0.62	3.63	0.89
3.6	36	3	4.5	2.109	1.656	0.141	2.58	1.11	0.99	4.09	1.39	1.61	1.07	0.71	0.76	4.68	1.00
		4		2.756	2.163	0.141	3.29	1.09	1.28	5.22	1.38	2.05	1.37	0.70	0.93	6.25	1.04
		5		3.382	2.654	0.141	3.95	1.08	1.56	6.24	1.36	2.45	1.65	0.70	1.09	7.84	1.07

续上表

角钢号数	尺寸 (mm)			截面面积 (cm^2)	理论质量 (kg/m)	外表面积 (m^2/m)	参考数值										z_0 (cm)
							$x-x$			x_0-x_0			y_0-y_0			x_1-x_1	
	b	d	r				I_x (cm^4)	i_x (cm)	W_x (cm^3)	I_{x0} (cm^4)	i_{x0} (cm)	W_{x0} (cm^3)	I_{y0} (cm^4)	i_{y0} (cm)	W_{y0} (cm^3)	I_{x1} (cm^4)	
4.0	40	3	5	2.359	1.852	0.157	3.59	1.23	1.23	5.69	1.55	2.01	1.49	0.79	0.96	6.41	1.09
		4		3.086	2.422	0.157	4.60	1.22	1.60	7.29	1.54	2.58	1.91	0.79	1.19	8.56	1.13
		5		3.791	2.976	0.156	5.53	1.21	1.96	8.76	1.52	3.01	2.30	0.78	1.39	10.74	1.17
4.5	45	3	5	2.659	2.088	0.177	5.17	1.40	1.58	8.20	1.76	2.58	2.14	0.90	1.24	9.12	1.22
		4		3.486	2.736	0.177	6.65	1.38	2.05	10.56	1.74	3.32	2.75	0.89	1.54	12.18	1.26
		5		4.292	3.369	0.176	8.04	1.37	2.51	12.74	1.72	4.00	3.33	0.88	1.81	15.25	1.30
		6		5.076	3.985	0.176	9.33	1.36	2.95	14.76	1.70	4.64	3.89	0.88	2.06	18.36	1.33
5	50	3	5.5	2.971	2.332	0.197	7.18	1.55	1.96	11.37	1.96	3.22	2.98	1.00	1.57	12.50	1.34
		4		3.897	3.059	0.197	9.26	1.54	2.56	14.70	1.94	4.16	3.82	0.99	1.96	16.69	1.38
		5		4.803	3.770	0.196	11.21	1.53	3.13	17.79	1.92	5.03	4.64	0.98	2.31	20.90	1.42
		6		5.688	4.465	0.196	13.05	1.52	3.68	20.68	1.91	5.85	5.42	0.98	2.63	25.14	1.46
5.6	56	3	6	3.343	2.624	0.221	10.19	1.75	2.48	16.14	2.20	4.08	4.24	1.13	2.02	17.56	1.48
		4		4.390	3.446	0.220	13.18	1.73	3.24	20.92	2.18	5.28	5.46	1.11	2.52	23.43	1.53
5.6	56	5	6	5.415	4.251	0.220	16.02	1.72	3.97	25.42	2.17	6.42	6.61	1.10	2.98	29.33	1.57
		8	7	8.367	6.568	0.219	23.63	1.68	6.03	37.37	2.11	9.44	9.89	1.09	4.16	47.24	1.68
6.3	63	4	7	4.978	3.907	0.248	19.03	1.96	4.13	30.17	2.46	6.78	7.89	1.26	3.29	33.35	1.70
		5		6.143	4.822	0.248	23.17	1.94	5.08	36.77	2.45	8.25	9.57	1.25	3.90	41.73	1.74
		6		7.288	5.721	0.247	27.12	1.93	6.00	43.03	2.43	9.66	11.20	1.24	4.46	50.14	1.78
		8		9.515	7.469	0.247	34.46	1.90	7.75	54.56	2.40	12.25	14.33	1.23	5.47	67.11	1.85
		10		11.657	9.151	0.246	41.09	1.88	9.39	64.85	2.36	14.56	17.33	1.22	6.36	84.31	1.93

续上表

角钢号数	尺寸 (mm)			截面面积 (cm^2)	理论质量 (kg/m)	外表面积 (m^2/m)	参考数值										z_0 (cm)
							$x-x$			x_0-x_0			y_0-y_0			x_1-x_1	
	b	d	r				I_x (cm^4)	i_x (cm)	W_x (cm^3)	I_{x0} (cm^4)	i_{x0} (cm)	W_{x0} (cm^3)	I_{y0} (cm^4)	i_{y0} (cm)	W_{y0} (cm^3)	I_{x1} (cm^4)	
7.0	70	4	8	5.570	4.372	0.275	26.39	2.18	5.14	41.80	2.74	8.44	10.99	1.40	4.17	45.74	1.86
		5		6.875	5.397	0.275	32.21	2.16	6.32	51.08	2.73	10.32	13.34	1.39	4.95	57.21	1.91
		6		8.160	6.406	0.275	37.77	2.15	7.48	59.93	2.71	12.11	15.61	1.38	5.67	68.73	1.95
		7		9.424	7.398	0.275	43.09	2.14	8.59	68.35	2.69	13.81	17.82	1.38	6.34	80.29	1.99
		8		10.667	8.373	0.274	48.17	2.12	9.68	76.37	2.68	15.43	19.98	1.37	6.98	91.92	2.03
7.5	75	5	9	7.367	5.818	0.295	39.97	2.33	7.32	63.30	2.92	11.94	16.63	1.50	5.77	70.56	2.04
		6		8.797	6.905	0.294	46.95	2.31	8.64	74.38	2.90	14.02	19.51	1.49	6.67	84.55	2.07
		7		10.160	7.976	0.294	53.57	2.30	9.93	84.96	2.80	16.02	22.18	1.48	7.44	98.71	2.11
		8		11.503	9.030	0.294	59.96	2.28	11.20	95.07	2.88	17.93	24.86	1.47	8.19	112.97	2.15
		10		14.126	11.089	0.293	71.98	2.26	13.64	113.92	2.84	21.48	30.05	1.46	9.56	141.71	2.22
8.0	80	5	9	7.912	6.211	0.315	48.79	2.48	8.34	77.33	3.13	13.67	20.25	1.60	6.66	85.36	2.15
		6		9.397	7.376	0.314	57.35	2.47	9.87	90.98	3.11	16.08	23.72	1.59	7.65	102.50	2.19
		7		10.860	8.525	0.314	65.58	2.46	11.37	104.07	3.10	18.40	27.09	1.58	8.58	119.70	2.23
		8		12.303	9.658	0.314	73.49	2.44	12.83	116.60	3.08	20.61	30.39	1.57	9.46	136.97	2.27
		10		15.126	11.874	0.313	88.43	2.42	15.64	140.09	3.04	24.76	36.77	1.56	11.08	171.74	2.35
9.0	90	6	10	10.637	8.350	0.354	82.77	2.79	12.61	131.26	3.51	20.63	34.28	1.80	9.95	145.87	2.44
		7		12.301	9.656	0.354	94.83	2.78	14.54	150.47	3.50	23.64	39.18	1.78	11.19	170.30	2.48
		8		13.944	10.946	0.353	106.47	2.76	16.42	168.97	3.48	26.55	43.97	1.78	12.35	194.80	2.52
		10		17.167	13.476	0.353	128.58	2.74	20.07	203.90	3.45	32.04	53.26	1.76	14.52	244.07	2.59
		12		20.306	15.940	0.352	149.22	2.71	23.57	236.21	3.41	37.12	62.22	1.75	16.49	293.76	2.67

续上表

角钢号数	尺寸(mm)			截面面积 (cm²)	理论质量 (kg/m)	外表面积 (m^2/m)	参考数值										z₀ (cm)
							$x-x$			x_0-x_0			y_0-y_0			x_1-x_1	
	b	d	r				I_x (cm^4)	i_x (cm)	W_x (cm^3)	I_{x0} (cm^4)	i_{x0} (cm)	W_{x0} (cm^3)	I_{y0} (cm^4)	i_{y0} (cm)	W_{y0} (cm^3)	I_{x1} (cm^4)	
10	100	6	12	11.932	9.366	0.393	114.95	3.01	15.68	181.98	3.90	25.74	47.92	2.00	12.69	200.07	2.67
		7		13.796	10.830	0.393	131.86	3.09	18.10	208.97	3.89	29.55	54.74	1.99	14.26	233.54	2.71
		8		15.638	12.276	0.393	148.24	3.08	20.47	235.07	3.88	33.24	61.41	1.98	15.75	267.09	2.76
		10		19.261	15.120	0.392	179.51	3.05	25.06	284.68	3.84	40.26	74.35	1.96	18.54	334.48	2.84
		12		22.800	17.898	0.391	208.90	3.03	29.48	330.95	3.81	46.80	86.84	1.95	21.08	402.34	2.91
		14		26.256	20.611	0.391	236.53	3.00	33.73	374.06	3.77	52.90	99.00	1.94	23.44	470.75	2.99
		16		29.627	23.257	0.390	262.53	2.98	37.82	414.16	3.74	58.57	110.89	1.94	25.63	539.80	3.06
11	110	7	12	15.196	11.928	0.433	177.16	3.41	22.05	280.94	4.30	36.12	73.38	2.20	17.51	310.64	2.96
		8		17.238	13.532	0.433	199.46	3.40	24.95	316.49	4.28	40.69	82.42	2.19	19.39	355.20	3.01
		10		21.261	16.690	0.432	242.19	3.38	30.60	384.39	4.25	49.42	99.98	2.17	22.91	444.65	3.09
		12		25.200	19.782	0.431	282.55	3.35	36.05	448.17	4.22	57.62	116.93	2.15	26.15	534.60	3.16
		14		29.056	22.809	0.431	320.71	3.32	41.31	508.01	4.18	65.31	133.40	2.14	29.14	625.16	3.24
12.5	125	8	14	19.750	15.504	0.492	297.03	3.88	32.52	470.89	4.88	53.28	123.16	2.50	25.86	521.01	3.37
		10		24.373	19.133	0.491	361.67	3.85	39.97	573.89	4.85	64.93	149.46	2.48	30.62	651.93	3.45
		12		28.912	22.696	0.491	423.16	3.83	41.17	671.44	4.82	75.96	174.88	2.46	35.03	783.42	3.53
		14		33.367	26.193	0.490	481.65	3.80	54.16	763.73	4.78	86.41	199.57	2.45	39.13	915.61	3.61
14	140	10	14	27.373	21.488	0.551	514.65	4.34	50.58	817.27	5.46	82.56	212.04	2.78	39.20	915.11	3.82
		12		32.512	25.522	0.551	603.68	4.31	59.80	958.79	5.43	96.85	248.57	2.76	45.02	1099.28	3.90
		14		37.567	29.490	0.550	688.81	4.28	68.75	1093.56	5.40	110.47	284.06	2.75	50.45	1284.22	3.98
		16		42.539	33.393	0.549	770.24	4.26	77.46	1221.81	5.36	123.42	318.67	2.74	55.55	1470.07	4.06

续上表

角钢号数	尺寸(mm)			截面面积 (cm^2)	理论质量 (kg/m)	外表面积 (m^2/m)	参考数值										z_0 (cm)
							$x-x$			x_0-x_0			y_0-y_0			x_1-x_1	
	b	d	r				I_x (cm^4)	i_x (cm)	W_x (cm^3)	I_{x0} (cm^4)	i_{x0} (cm)	W_{x0} (cm^3)	I_{y0} (cm^4)	i_{y0} (cm)	W_{y0} (cm^3)	I_{x1} (cm^4)	
16	160	10	16	31.502	24.729	0.630	779.53	4.98	66.70	1237.30	6.27	109.36	321.76	3.20	52.76	1365.33	4.31
		12		37.441	29.391	0.630	916.58	4.95	78.98	1455.68	6.24	128.67	377.49	3.18	60.74	1639.57	4.39
		14		43.296	33.987	0.629	1048.36	4.92	90.95	1665.02	6.20	147.17	431.70	3.16	68.244	1914.68	4.47
		16		49.067	38.518	0.629	1175.08	4.89	102.63	1865.57	6.17	164.89	484.59	3.14	75.31	2190.82	4.55
18	180	12	16	42.241	33.159	0.710	1321.35	5.59	100.82	2100.10	7.05	165.00	542.61	3.58	78.41	2332.80	4.89
		14		48.896	38.388	0.709	1514.48	5.56	116.25	2407.42	7.02	189.14	625.53	3.56	88.38	2723.48	4.97
		16		55.467	43.542	0.709	1700.99	5.54	131.13	2703.37	6.98	212.40	698.60	3.55	97.83	3115.29	5.05
		18		61.955	48.634	0.708	1875.12	5.50	145.64	2988.24	6.94	234.78	762.01	3.51	105.14	3502.43	5.13
20	200	14	18	54.642	42.894	0.788	2103.55	6.20	144.70	3343.26	7.82	236.40	863.83	3.98	111.82	3734.10	5.46
		16		62.013	48.680	0.788	2366.15	6.18	163.65	3760.89	7.79	265.93	971.41	3.96	123.96	4270.39	5.54
		18		69.301	54.401	0.787	2620.64	6.15	182.22	4164.54	7.75	294.48	1076.74	3.94	135.52	4808.13	5.62
		20		76.505	60.056	0.787	2867.30	6.12	200.42	4554.55	7.72	322.06	1180.04	3.93	146.55	5347.51	5.69
		24		90.661	71.168	0.785	2338.25	6.07	236.17	5294.97	7.64	374.41	1381.53	3.90	166.55	6457.16	5.87

注：截面图中的 $r_1=\frac{1}{3}d$ 及表中 r 值的数据用于孔型设计，不作交货条件。

热轧不等边角钢（GB 9788—88） 附表 2-2

符号意义：

I-惯性矩； i -惯性半径；

B-长边宽度； b -短边宽度；

d-边厚度； r -内圆弧半径；

r_1-边端内圆弧半径； W-截面系数；

x_0-重心距离； y_0-重心距离。

角钢号数	尺寸 (mm)				截面面积	理论质量	外表面积	参考数值													
								$x-x$			$y-y$			x_1-x_1		y_1-y_1		$u-u$			
	B	b	d	r	(cm^2)	(kg/m)	(m^2/m)	I_x (cm^4)	i_x (cm)	W_x (cm^3)	I_y (cm^4)	i_y (cm)	W_y (cm^3)	I_{x1} (cm^4)	y_0 (cm)	I_{y1} (cm^4)	x_0 (cm)	I_u (cm^4)	i_u (cm)	W_u (cm)^3	tanα
2.5/1.6	25	16	3	3.5	1.162	0.912	0.080	0.70	0.78	0.43	0.22	0.44	0.19	1.56	0.86	0.43	0.42	0.14	0.34	0.16	0.392
			4		1.499	1.176	0.079	0.88	0.77	0.55	0.27	0.43	0.24	2.09	0.90	0.59	0.46	0.17	0.34	0.20	0.381
3.2/2	32	20	3		1.492	1.171	0.102	1.53	1.01	0.72	0.46	0.55	0.30	3.27	1.08	0.82	0.49	0.28	0.43	0.25	0.382
			4		1.939	1.522	0.101	1.93	1.00	0.93	0.57	0.54	0.39	4.37	1.12	1.12	0.53	0.35	0.42	0.32	0.374
4/2.5	40	25	3	4	1.890	1.484	0.127	3.08	1.28	1.15	0.93	0.70	0.49	6.39	1.32	1.59	0.59	0.56	0.54	0.40	0.386
			4		2.467	1.936	0.127	3.93	1.26	1.49	1.18	0.69	0.63	8.53	1.37	2.14	0.63	0.71	0.54	0.52	0.381
4.5/2.8	45	28	3	5	2.149	1.687	0.143	4.45	1.44	1.47	1.34	0.79	0.62	9.10	1.47	2.23	0.64	0.80	0.61	0.51	0.383
			4		2.806	2.203	0.143	5.69	1.42	1.91	1.70	0.78	0.80	12.13	1.51	3.00	0.68	1.02	0.60	0.66	0.380
5/3.2	50	32	3	5.5	2.431	1.908	0.161	6.24	1.60	1.84	2.02	0.91	0.82	12.49	1.60	3.31	0.73	1.20	0.70	0.68	0.404
			4		3.177	2.494	0.160	8.02	1.59	2.39	2.58	0.90	1.06	16.65	1.65	4.45	0.77	1.53	0.69	0.87	0.402

续上表

角钢号数	尺寸 (mm)				截面面积 (cm²)	理论质量 (kg/m)	外表面积 (m²/m)	参考数值													
								x－x			y－y			x_1-x_1		y_1-y_1		u－u			
	B	b	d	r				I_x (cm^4)	i_x (cm)	W_x (cm^3)	I_y (cm^4)	i_y (cm)	W_y (cm^3)	I_{x1} (cm^4)	y_0 (cm)	I_{y1} (cm^4)	x_0 (cm)	I_u (cm^4)	i_u (cm)	W_u $(cm)^3$	tanα
5.6/3.6	56	36	3	6	2.743	2.153	0.181	8.88	1.80	2.32	2.92	1.03	1.05	17.54	1.78	4.70	0.80	1.73	0.79	0.87	0.408
			4		3.590	2.818	0.180	11.45	1.79	3.03	3.76	1.02	1.37	23.39	1.82	6.33	0.85	2.23	0.79	1.13	0.408
			5		4.415	3.466	0.180	13.86	1.77	3.71	4.49	1.01	1.65	29.25	1.87	7.94	0.88	2.67	0.78	1.36	0.404
6.3/4	63	40	4	7	4.058	3.185	0.202	16.49	2.02	3.87	5.23	1.14	1.70	33.30	2.04	8.63	0.92	3.12	0.88	1.40	0.398
			5		4.993	3.920	0.202	20.02	2.00	4.74	6.31	1.12	2.71	41.63	2.08	10.86	0.95	3.76	0.87	1.71	0.396
			6		5.908	4.638	0.201	23.36	1.96	5.59	7.29	1.11	2.43	49.98	2.12	13.12	0.99	4.34	0.86	1.99	0.393
			7		6.802	5.339	0.201	26.53	1.98	6.40	8.24	1.10	2.78	58.07	2.15	15.47	1.03	4.97	0.86	2.29	0.389
7/4.5	70	45	4	7.5	4.547	3.570	0.226	23.17	2.26	4.86	7.55	1.29	2.17	45.92	2.24	12.26	1.02	4.40	0.98	1.77	0.410
			5		5.609	4.403	0.225	27.95	2.23	5.92	9.13	1.28	2.65	57.10	2.28	15.39	1.06	5.40	0.98	2.19	0.407
			6		6.647	5.218	0.225	32.54	2.21	6.95	10.62	1.26	3.12	68.35	2.32	18.58	1.09	6.35	0.98	2.59	0.404
			7		7.657	6.011	0.225	37.22	2.20	8.03	12.01	1.25	3.57	79.99	2.36	21.84	1.13	7.16	0.97	2.94	0.402
(7.5/5)	75	50	5	8	6.125	4.808	0.245	34.86	2.39	6.83	12.61	1.44	3.30	70.00	2.40	21.04	1.17	7.41	1.10	2.74	0.435
			6		7.260	5.699	0.245	41.12	2.38	8.12	14.70	1.42	3.88	84.30	2.44	25.37	1.21	8.54	1.08	3.19	0.435
			8		9.467	7.431	0.244	52.39	2.35	10.52	18.53	1.40	4.99	112.50	2.52	34.23	1.29	10.87	1.07	4.10	0.429
			10		11.590	9.098	0.244	62.71	2.33	12.79	21.96	1.38	6.04	140.80	2.60	43.43	1.36	13.10	1.06	4.99	0.423
8/5	80	50	5	8	6.375	5.005	0.255	41.96	2.56	7.78	12.82	1.42	3.32	85.21	2.60	21.06	1.14	7.66	1.10	2.74	0.388
			6		7.560	5.935	0.255	49.49	2.56	9.25	14.95	1.41	3.91	102.53	2.65	25.41	1.18	8.85	1.08	3.20	0.387
			7		8.724	6.848	0.255	56.16	2.54	10.58	16.96	1.39	4.48	119.33	2.69	29.83	1.21	10.18	1.08	3.70	0.384
			8		9.867	7.745	0.254	62.83	2.52	11.92	18.85	1.38	5.03	136.41	2.73	34.32	1.25	11.38	1.07	4.16	0.381

续上表

角钢号数	尺寸 (mm)				截面面积 (cm^2)	理论质量 (kg/m)	外表面积 (m^2/m)	参考数值													
								x－x			y－y			x_1-x_1		y_1-y_1		u－u			
	B	b	d	r				I_x (cm^4)	i_x (cm)	W_x (cm^3)	I_y (cm^4)	i_y (cm)	W_y (cm^3)	I_{x1} (cm^4)	y_0 (cm)	I_{y1} (cm^4)	x_0 (cm)	I_u (cm^4)	i_u (cm)	W_u $(cm)^3$	tanα
9/5.6	90	56	5	9	7.212	5.661	0.287	60.45	2.90	9.92	18.32	1.59	4.21	121.32	2.91	29.53	1.25	10.98	1.23	3.49	0.385
			6		8.557	6.717	0.286	71.03	2.88	11.74	21.42	1.58	4.96	145.59	2.95	35.58	1.29	12.90	1.23	4.18	0.384
			7		9.880	7.756	0.286	81.01	2.86	13.49	24.36	1.57	5.70	169.66	3.00	41.71	1.33	14.67	1.22	4.72	0.382
			8		11.183	8.779	0.286	91.03	2.85	15.27	27.15	1.56	6.41	194.17	3.04	47.93	1.36	16.34	1.21	5.29	0.380
10/6.3	100	63	6	10	9.617	7.550	0.320	99.06	3.21	14.64	30.94	1.79	6.35	199.71	3.24	50.50	1.43	18.42	1.38	5.25	0.394
			7		11.111	8.722	0.320	113.45	3.29	16.88	35.26	1.78	7.29	233.00	3.28	59.14	1.47	21.00	1.38	6.02	0.393
			8		12.584	9.878	0.319	127.37	3.18	19.08	39.39	1.77	8.21	266.32	3.32	67.88	1.50	23.50	1.37	6.78	0.391
			10		15.467	12.142	0.319	153.81	3.15	23.32	47.12	1.74	9.98	333.06	3.40	85.73	1.58	28.33	1.35	8.24	0.387
10/8	100	80	6	10	10.637	8.850	0.354	107.04	3.17	15.19	61.24	2.40	10.16	199.83	2.95	102.68	1.97	31.65	1.72	8.37	0.627
			7		12.301	9.656	0.354	122.73	3.16	17.52	70.08	2.39	11.71	233.20	3.00	119.98	2.01	36.17	1.72	9.60	0.626
			8		13.944	10.946	0.353	137.92	3.14	19.81	78.58	2.37	13.21	266.61	3.04	137.37	2.05	40.58	1.71	10.80	0.625
			10		17.167	13.476	0.353	166.87	3.12	24.24	94.65	2.35	16.12	333.63	3.12	172.48	2.13	49.10	1.69	13.12	0.622
11/7	110	70	6	10	10.637	8.350	0.354	133.37	3.54	17.85	42.92	2.01	7.90	265.78	3.53	69.08	1.57	25.36	1.54	6.53	0.403
			7		12.301	9.656	0.354	153.00	3.53	20.60	49.01	2.00	9.09	310.07	3.57	80.82	1.61	28.95	1.53	7.50	0.402
			8		13.944	10.946	0.353	172.04	3.51	23.30	54.87	1.98	10.25	354.39	3.62	92.70	1.65	32.45	1.53	8.45	0.401
			10		17.167	13.476	0.353	208.39	3.48	28.54	65.88	1.96	12.48	443.13	3.70	116.83	1.72	39.20	1.51	10.29	0.397
12.5/8	125	80	7	11	14.096	11.066	0.403	277.98	4.02	26.86	74.42	2.30	12.01	454.99	4.01	120.32	1.80	43.81	1.76	9.92	0.408
			8		15.989	12.551	0.403	256.77	4.01	30.41	83.49	2.28	13.56	519.99	4.06	137.85	1.84	49.15	1.75	11.18	0.407
			10		19.712	15.474	0.402	312.04	3.98	37.33	100.67	2.26	16.56	650.09	4.14	173.40	1.92	59.45	1.74	13.64	0.404
			12		23.351	18.330	0.402	364.41	3.95	44.01	116.67	2.24	19.43	780.39	4.22	209.67	2.00	69.35	1.72	16.01	0.400

续上表

角钢号数	尺寸(mm)				截面面积	理论质量	外表面积	参考数值															
								x－x			y－y			x_1-x_1		y_1-y_1		u－u			
	B	b	d	r	(cm²)	(kg/m)	(m²/m)	I_x (cm⁴)	i_x (cm)	W_x (cm³)	I_y (cm⁴)	i_y (cm)	W_y (cm³)	I_{x1} (cm⁴)	y_0 (cm)	I_{y1} (cm⁴)	x_0 (cm)	I_u (cm⁴)	i_u (cm)	W_u (cm)³	tanα
14/9	140	90	8	12	18.038	14.160	0.453	365.64	4.50	38.48	120.69	2.59	17.34	730.53	4.50	195.79	2.04	70.83	1.98	14.31	0.411
			10		22.261	17.475	0.452	445.50	4.47	47.31	146.03	2.56	21.22	913.20	4.58	245.92	2.12	85.82	1.96	17.48	0.409
			12		26.400	20.724	0.451	521.59	4.44	55.87	169.79	2.54	24.95	1096.09	4.66	296.89	2.19	100.21	1.95	20.54	0.406
			14		30.456	23.908	0.451	594.10	4.42	64.18	192.10	2.51	28.54	1279.26	4.74	348.82	2.27	114.13	1.94	23.52	0.403
16/10	160	100	10	13	25.315	19.872	0.512	668.69	5.14	62.13	205.03	2.85	26.56	1362.89	5.24	336.59	2.28	121.74	2.19	21.92	0.390
			12		30.054	23.592	0.511	784.91	5.11	73.49	239.06	2.82	31.28	1635.56	5.32	405.94	2.36	142.33	2.17	25.79	0.388
			14		34.709	27.247	0.510	896.30	5.08	84.56	271.20	2.80	35.83	1908.50	5.40	476.42	2.43	162.23	2.16	29.56	0.385
			16		39.281	30.835	0.510	1003.04	5.05	95.33	301.60	2.77	40.24	2181.79	5.48	548.22	2.51	182.57	2.16	33.44	0.382
18/11	180	110	10	14	28.373	22.373	0.571	956.25	5.80	78.96	278.11	3.13	32.49	1940.40	5.89	447.22	2.44	166.50	2.42	26.88	0.376
			12		33.712	26.464	0.571	1124.72	5.78	93.53	325.03	3.10	38.32	2328.38	5.98	538.94	2.52	194.87	2.40	31.66	0.374
			14		38.967	30.589	0.570	1286.91	5.75	107.76	369.55	3.08	43.97	2716.60	6.06	631.95	2.59	222.30	2.39	36.32	0.372
			16		44.139	34.649	0.569	1443.06	5.72	121.64	411.85	3.06	49.44	3105.15	6.14	726.46	2.67	248.94	2.38	40.87	0.369
20/12.5	200	125	12		37.912	29.761	0.641	1570.90	6.44	116.73	483.16	3.57	49.99	3193.85	6.54	787.74	2.83	285.79	2.74	41.23	0.392
			14		43.867	34.436	0.640	1800.97	6.41	134.65	550.83	3.54	57.44	3726.17	5.02	922.47	2.91	326.58	2.73	47.34	0.390
			16		49.739	39.045	0.639	2023.35	6.38	152.18	615.44	3.52	64.69	4258.86	6.70	1058.86	2.99	366.21	2.71	53.32	0.388
			18		55.526	43.588	0.639	2238.30	6.35	169.33	677.19	3.49	71.74	4792.00	6.78	1197.13	3.06	404.83	2.70	59.18	0.385

注：1. 括号内型号不推荐使用；

2. 截面图中的 $r_1=\frac{1}{3}d$ 及表中 r 的数据用于孔型设计，不作交货条件。

热轧工字钢（GB 706—88）

附表 2-3

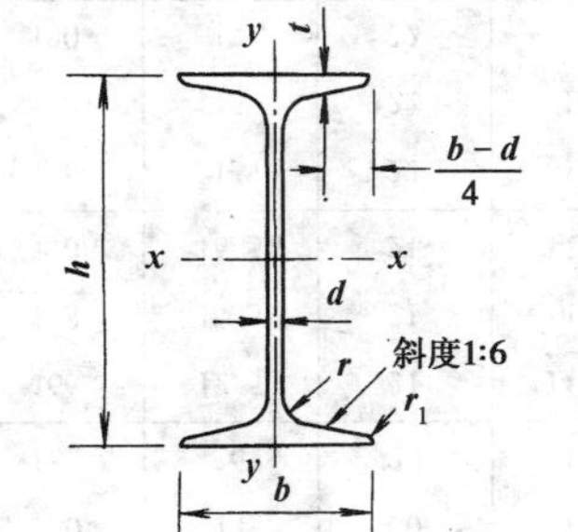

符号意义：

h-高度；　　r_1-短边宽度；

b-腿宽度；　　I_x，I_y-惯性矩；

d-腰厚度；　　W-截面系数；

t-重心距离；　　i-惯性半径。

r-内圆弧半径；　　S-半截面的静矩。

型号	尺寸 (mm)						截面面积 (cm^2)	理论质量 (kg/m)	参考数值						
									x－x				y－y		
	h	b	d	t	r	r_1			I_x (cm^4)	W_x (cm^3)	I_x (cm)	I_x: S_x (cm)	I_y (cm^4)	W_y (cm^3)	i_y (cm)
10	100	68	4.5	7.6	6.5	3.3	14.3	11.2	245	49	4.14	8.59	33	9.72	1.52
12.6	126	74	5	8.4	7	3.5	18.1	14.2	488.43	77.529	5.195	10.85	46.906	12.677	1.609
14	140	80	5.5	9.1	7.5	3.8	21.5	16.9	712	102	5.76	12	64.4	16.1	1.73
16	160	88	6	9.9	8	4	26.1	20.5	1130	141	6.58	13.8	93.1	21.2	1.89
18	180	94	6.5	10.7	8.5	4.3	30.6	24.1	1660	185	7.36	15.4	122	26	2
20a	200	100	7	11.4	9	4.5	35.5	27.9	2370	237	8.15	17.2	158	31.5	2.12
20b	200	102	9	11.4	9	4.5	39.5	31.1	2500	250	7.96	16.9	169	33.1	2.06
22a	220	110	7.5	12.3	9.5	4.8	42	33	34000	309	8.99	18.9	225	40.9	2.31
22b	220	112	9.5	12.3	9.5	4.8	46.4	36.4	3570	325	8.78	18.7	239	42.7	2.27
25a	250	116	8	13	10	5	48.5	38.1	5 023.54	401.88	10.18	21.58	280.046	48.283	2.403
25b	250	118	10	13	10	5	53.5	42	5 283.96	422.72	9.938	21.27	309.297	52.423	2.404
28a	280	122	8.5	13.7	10.5	5.3	55.45	43.4	7114.14	508.15	11.32	24.62	345.051	56.565	2.495
28b	280	124	10.5	13.7	10.5	5.3	61.05	47.9	7480	534.29	11.08	24.24	379.496	61.209	2.493

续上表

型号	尺寸 (mm)						截面面积 (cm^2)	理论质量 (kg/m)	参考数值						
									x − x				y − y		
	h	b	d	t	r	r_1			I_x (cm^4)	W_x (cm^3)	I_x (cm)	I_x: S_x (cm)	I_y (cm^4)	W_y (cm^3)	i_y (cm)
32a	320	130	9.5	15	11.5	5.8	67.05	52.7	11075.5	692.2	12.84	27.46	459.93	70.758	2.619
32b	320	132	11.5	15	11.5	5.8	73.45	57.7	11621.4	726.33	12.58	27.09	501.53	75.989	2.614
32c	320	134	13.5	15	11.5	5.8	79.95	62.8	12167.5	760.47	12.34	26.77	543.81	81.166	2.608
36a	360	136	10	15.8	12	6	76.3	59.9	15760	875	14.4	30.7	552	81.2	2.69
36b	360	138	12	15.8	12	6	83.5	65.6	16530	919	14.1	30.3	582	84.3	2.64
36c	360	140	14	15.8	12	6	90.7	71.2	17310	962	13.8	29.9	612	87.4	2.6
40a	400	142	10.5	16.5	12.5	6.3	86.1	67.6	21720	1090	25.9	34.1	660	93.2	2.77
40b	400	144	12.5	16.5	12.5	6.3	94.1	73.8	22780	1140	15.6	33.6	692	96.2	2.71
40c	400	146	14.5	16.5	12.5	6.3	102	80.1	23850	1190	15.2	33.2	727	99.6	2.65
45a	450	150	11.5	18	13.5	6.8	102	80.4	32240	1430	17.7	38.6	855	114	2.89
45b	450	152	13.5	18	13.5	6.8	111	87.4	33760	1500	17.4	38	894	118	2.84
45c	450	154	15.5	18	13.5	6.8	120	94.5	35280	1570	17.1	37.6	938	122	2.79
50a	500	158	12	20	14	7	119	93.6	46470	1860	19.7	42.8	1120	142	3.07
50b	500	160	14	20	14	7	129	101	48560	1940	19.4	42.4	1170	146	3.01
50c	500	162	16	20	14	7	139	109	50640	2080	19	41.8	1220	151	2.96
56a	560	166	12.5	21	14.5	7.3	135.25	106.2	65585.6	2342.31	22.02	47.73	1370.16	165.08	3.182
56b	560	168	14.5	21	14.5	7.3	146.45	115	68512.5	2446.69	21.63	47.17	1486.75	174.25	3.162
56c	560	170	16.5	21	14.5	7.3	157.85	123.9	71439.4	2551.41	21.27	46.66	1558.39	183.34	3.158
63a	630	176	13	22	15	7.5	154.9	121.6	93916.2	2981.47	24.62	54.17	1700.55	193.24	3.314
63b	630	178	15	22	15	7.5	167.5	131.5	98083.6	3163.38	24.2	53.51	1812.07	203.6	3.289
63c	630	180	17	22	15	7.5	180.1	141	102251.1	3298.42	23.82	52.92	1924.91	213.88	3.268

注：截面图和表中标注的圆弧半径 r、r_1 的数据用于孔型设计，不作交货条件。

附表 2-4

热轧槽钢（GB 707—88）

符号意义：

h-高度； r_1-腿端圆弧半径；

b-腿宽度； I-惯性矩；

d-腰厚度； W-截面系数；

t-平均腿厚度； i-惯性半径；

r-内圆弧半径； z_0-$y-y$ 轴与 y_1-y_1 轴间距。

型号	尺寸 (mm)						截面面积 (cm^2)	理论质量 (kg/m)	参考数值							
									$x-x$			$y-y$			y_1-y_1	z_0 (cm)
	h	b	d	t	r	r_1			W_x (cm^3)	I_x (cm^4)	i_x (cm)	W_y (cm^3)	I_y (cm^4)	i_y (cm)	i_{y1} (cm^4)	
5	50	37	4.5	7	7	3.5	6.93	5.44	10.4	26	194	3.55	8.3	1.1	20.9	1.35
6.3	63	40	4.8	7.5	7.5	3.75	8.444	6.63	16.123	50.786	2.453	4.50	11.872	1.185	28.38	1.36
8	80	43	5	8	8	4	10.24	8.04	25.3	101.3	3.15	5.79	16.6	1.27	37.4	1.43
10	100	48	5.3	8.5	8.5	4.25	12.74	10	39.7	198.3	3.95	7.8	25.6	1.41	54.9	1.52
12.6	126	53	5.5	9	9	4.5	15.69	12.37	62.137	391.466	4.953	10.242	37.99	1.567	77.09	1.59
14a	140	58	6	9.5	9.5	4.75	18.51	14.53	80.5	563.7	5.52	13.01	53.2	1.7	107.1	1.71
14b	140	60	8	9.5	9.5	4.75	21.31	16.73	87.1	609.4	5.35	14.12	61.1	1.69	120.6	1.67
16a	160	63	6.5	10	10	5	21.95	17.23	108.3	866.2	6.28	16.3	73.3	1.83	144.1	1.8
16	160	65	8.5	10	10	5	25.15	19.74	116.8	934.5	6.1	17.55	83.4	1.82	160.8	1.75
18a	180	68	7	10.5	10.5	5.25	25.69	20.17	141.4	1272.7	7.04	20.03	98.6	1.96	189.7	1.88
18	180	70	9	10.5	10.5	5.25	29.29	22.99	152.2	1369.9	6.84	21.52	111	1.95	210.1	1.84

续上表

型号	尺寸 (mm)						截面面积 (cm^2)	理论质量 (kg/m)	参考数值							
									$x-x$			$y-y$			y_1-y_1	z_0 (cm)
	h	b	d	t	r	r_1			W_x (cm^3)	I_x (cm^4)	i_x (cm)	W_y (cm^3)	I_y (cm^4)	i_y (cm)	i_{y1} (cm^4)	
20a	200	73	7	11	11	5.5	28.83	22.63	178	1780.4	7.86	24.2	128	2.11	244	2.01
20	200	75	9	11	11	5.5	32.83	25.77	191.4	1913.7	7.64	25.88	143.6	2.09	268.4	1.95
22a	220	77	7	11.5	11.5	5.75	31.84	24.99	217.6	2393.9	8.67	28.17	157.8	2.23	298.2	2.1
22	220	79	9	11.5	11.5	5.75	36.24	28.45	233.8	2571.4	8.42	30.05	176.4	2.21	326.3	2.03
a	250	78	7	12	12	6	34.91	27.47	269.597	3369.62	9.823	30.607	175.529	2.243	322.256	2.065
25b	250	80	9	12	12	6	39.91	31.39	282.402	3530.04	9.405	32.657	196.421	2.218	353.187	1.982
c	250	82	11	12	12	6	44.91	35.32	295.236	3690.45	9.065	35.926	218.415	2.206	384.133	1.921
a	280	82	7.5	12.5	12.5	6.25	40.02	31.42	340.328	4764.59	10.91	35.718	217.989	2.333	387.566	2.097
28b	280	84	9.5	12.5	12.5	6.25	45.62	35.81	366.46	5130.45	10.6	37.929	242.144	2.304	427.589	2.016
c	280	86	11.5	12.5	12.5	6.25	51.22	40.21	392.594	5496.32	10.35	40.301	267.602	2.286	426.597	1.951
a	320	88	8	14	14	7	48.7	38.22	474.879	7598.06	12.49	46.473	304.787	2.502	552.31	2.242
32b	320	90	10	14	14	7	55.1	43.25	509.012	8144.2	12.15	49.157	336.332	2.471	592.933	2.158
c	320	92	12	14	14	7	61.5	48.28	543.145	8690.33	11.88	52.642	374.175	2.467	643.299	2.092
a	360	96	9	16	16	8	60.89	47.8	659.7	11874.2	13.97	63.54	455	2.73	818.4	2.44
36b	360	98	11	16	16	8	68.09	53.45	702.9	12651.8	13.63	66.85	496.7	2.7	880.4	2.37
c	360	100	13	16	16	8	75.29	50.1	746.1	13429.4	13.36	70.02	536.4	2.67	947.9	2.34
a	400	100	10.5	18	18	9	75.05	58.91	878.9	17577.9	15.30	78.83	592	2.81	1067.7	2.49
40b	400	102	12.5	18	18	9	83.05	65.19	932.2	18644.5	14.98	82.52	640	2.78	1135.6	2.44
c	400	104	14.5	18	18	9	91.05	71.47	985.6	19711.2	14.71	86.19	687.8	2.75	1220.7	2.42

注：截面图和表中标注的圆弧半径 r、r_1 的数据用于孔型设计，不作交货条件。

参考文献

[1] 宋小壮.土木工程力学[M].北京:高等教育出版社,2001.

[2] 吴宝瀛.工程力学[M].北京:清华大学出版社,2008.

[3] 马景善.工程力学与水工结构[M].北京:中国建筑工业出版社,2005.

[4] 贾启芬.工程力学[M].天津:天津大学出版社,2002.

[5] 于英.建筑力学[M].北京:中国建筑工业出版社,2007.

[6] 周中瑾,等.建筑力学[M].北京:中国建筑工业出版社,2005.

[7] 于光瑜,秦惠民.材料力学[M].北京:高等教育出版社,1999.

[8] 赵爱民.建筑力学[M].武汉:武汉理工大学出版社,2004.

[9] 王金海.结构力学[M].北京:中国建筑工业出版社,2008.

[10] 沈伦序.建筑力学[M].北京:高等教育出版社,1990.